大展好書
好書大展

大展好書 好書大展

青春天地 35

趣味的珍奇發明

柯素娥／編著

大展出版社有限公司
DAH-JAAN PUBLISHING CO., LTD.

序　言

自古以來，衆人都說「需要是發明之母」，而人類僅有的幾世紀中，已有許多偉大的發明及知名的發明，而我們的生活便蒙受這些發明的恩惠，才更為便利、舒適。打開開關，燈就亮了；居然也能和地球另一邊的人說話，這些事對數世紀以前的人說，是意想不到的「天方夜譚」。

據說，二十一世紀時，會有以分為單位將東京和大阪兩地連接在一起的列車誕生，也就是說，從東京到大阪只不過是一眨眼的幾分鐘工夫而已。真是令人無法置信。

不過另一方面，雖想要產生出人們所需要的東西而非常認真地研究，且投下了龐大的經費去開發，但結果失敗的例子也不在少數。舉例來說，「從胃中鈞起蛔蟲的裝置」、「射擊目標中的

「馬會大贏的超音波槍」、「給寂寞的孤獨者用的自動斟酒機」、「和AV女演員發生關係的畫面反應型自慰機」等等，都是很有創意的發明，試著想想做出這些作品的人是什麼模樣，他們都是三頭六臂的人物嗎？

這些發明也常會被人們忽略掉，或是一笑置之拿來作為笑柄，就這樣打入冷宮，無人聞問。

但是，在歷史上未曾留下名字的市井發明家們，以努力及熱忱做出來的珍奇發明，可以說幽默感十足。讀了本書，相信你也會捧腹大笑的。

目錄

第一章

居然有過這樣珍貴的發明

◆確實出現過的釣起胃中蛔蟲的裝置

「人在餓肚子時，胃中的蛔蟲也一定是飢腸轆轆的，那麼，如果將蛔蟲喜歡吃的餌裝在圓筒形的膠囊裡，然後讓它垂入胃中，蛔蟲為了尋求食物，會吃下那個膠囊，而等到適當時機，便可以將牠釣起，如此一來，便可驅除蛔蟲了。」你能想像嗎？真的有人很認真地這樣考慮過，而發明了「釣起蛔蟲的裝置」（美國專利字號一一九四二）。

發明者是美國的醫博士安修茲·馬賽先生。這個奇妙的裝置並曾獲得專利，而且居然早在一八五四年。

這種裝置，有如在胃中釣魚一般，所不同的是魚換成了蛔蟲，不過，掌握將牠吊起的時機並非易事，我想並不容易操作。

例如，人肚子餓時，蛔蟲並不一定也餓著肚子，無法保證牠一定吃下膠囊，所以也就無法保證一定能釣上蛔蟲。

◆微笑的機器人「學天則」

聽到「機器人」這個字眼時，我們腦海便會浮現如下的印象：一個手腳會動但面無表情的「人」。

但是，日本昭和初期所製造出來的機器人「學天則」，打破了過去這種一般印象。這種機器人可以像人一樣思考、微笑、點頭。「學天則」也曾在賣座電影《帝都物語》裡出現過，所以認得它的人還真不少呢！

製作這種機器人的，是演員西村晃先生的父親，也就是當時擔任大阪每日新聞評論顧問的西村真琴先生。他參加了在京都舉行的大禮紀念博覽會，「學天則」大大地讓觀衆震驚，引起不小的騷動。

看起來彷彿是半身像的機器人，突然動了起來，張開眼睛莞爾一笑，而且用右手很流暢地寫字，也能像那樣活動自如。

而它之所以能活動自如的秘密，在於使用了橡膠管。在機器人的內部，佈滿了橡膠管，將壓縮的空氣送進去操作，像這樣，產生有如活人一般的動作。

據說，觀衆之中有人像遇到神似地，不停地對它膜拜。

提及機器人，目前在世界各國全都是工業用的機器人，顯得冷冰冰地，但如果有這種深具人性的機器人，那該有多好啊！

◆趕走緊追不捨的狗的腳踏車

這是很早以前在美國所發生的一則小插曲。

住在紐約州一位叫做霍斯的英國人，每次騎腳踏車出去時都被野狗緊追不捨，非常傷腦筋，於是他想：是不是有什麼方法能將狗趕走，在這樣的思考中想出來的便是下面的裝置。

這是在腳踏車的車架上裝上裡面盛有胡椒粉的容器，在把手處則裝設橡皮球，只要一握橡皮球，車架上的容器就會噴射出胡椒粉，讓野狗無所遁形。

他很得意於自己的傑作，便騎著腳踏車出去試試效果。當有野狗追逐他時，他便讓狗充分接近腳踏車，然後立刻握下橡皮球。此時。胡椒粉便噴到狗的鼻子，狗只好發出「喔、喔」的叫聲、夾著尾巴跑開了。但很不幸地，此時有風吹來，他自己也打了一聲「哈啾！」儘管如此，這個發明對一直想趕走野狗的人來說，仍是相當成功的。

◆以超音波槍狙擊目標中的馬匹

賽馬在日本等國家一直是非常受人歡迎的活動。提到賽馬的發源地，比賽盛況最為熱烈便是英國了，從前在亞斯科特賽馬場曾發生過如下的事件，那是以人類耳朵聽不見的超音波槍狙擊本來會奪得第一名的馬匹，以此欺騙大衆的事件。而陰謀是一名因為販毒而被逮捕的男子。

據他說，在這個賽馬場舉行比賽時，他以雙眼鏡型的超音波槍射擊即將抵達終點的馬匹，讓本來會得到冠軍的馬匹受傷，騎師從馬上掉落，與冠軍絕緣。據說，這是利用馬比人能聽見更高周波數的音波的特性，來擾亂馬匹，影響整個比賽的結果。他又說，他是讀了百科全書之後，便做出了這種超音波槍。

是否真正能達到擾亂馬匹的目的呢？

由於超音波在空氣中會擴散開來，無法集中於一點，因此也不無可能。如果，這位陰謀者所說的是事實，他只是讀了百科全書，便能做出超音波槍的話，這的確可以說是很了不起的事。

◆不是喝的而用手抓著吃的酒

自古以來，酒一直是用嘴巴喝的，但有人居然發明了可以吃的酒，像抓糖果一般抓來吃。發明者是著作不少書籍，已故的川島四郎先生，他的著作大都和食品有關。

川島先生從前仍在軍隊時，有一位長官對他說：能不能製造出能抓著吃的酒？因為，酒如果是液體的，要運到戰地很不容易。但是，川島從未看過呈固形體的酒精。他嚐試著各種方法，結果，當時仍然無法使酒精變成固體。

後來，二次世界大戰後他去參加了一次宴會。那一次，他不小心讓威士忌的杯子掉落在侍者端出來的洋菜上。不會喝酒的川島，便暫且讓杯子留在洋菜上，後來他不經意地將洋菜放進嘴裡。此時，他發現洋菜已有威士忌的味道。而從這裡他獲得了啟示，後來便製造出可以抓著吃的酒。

將比較硬的洋菜浸在酒精成分比較高的威士忌或琴酒、伏特加、淸酒裡，在攝氏一五度下浸泡一五小時到四〇小時。據說，按照浸泡時間的長短，洋菜中的酒精含有量會有所不同。這樣做出來能抓著吃的酒，大小大約是液體酒體積的一半。

當然，吃了它喝醉酒的感覺，也和真正喝酒時一樣，如果在洋菜裡加入薑汁，便能提早有酒醉的感覺。

儘管如此，還是用喝的方式才是真正的酒，如果是抓起來吃的話，不知道是否會發生頭痛的情形呢？

◆消除自己斟酒的寂寞感的自動斟酒機

除非是喜好孤獨的人，否則大概絕大多數的人都會喜歡一群人一起喝喝、熱熱鬧鬧的場面吧！但是，今晚無論如何沒有人和自己喝酒時，該怎麼辦呢……。

在這樣的時候，就請「孤獨酒安慰機」來當作你的酒伴。這種自動斟酒機，只要放在框架上，就會有美女倒酒給你，為你作細心的服務。

其原理是連小學生也懂得的槓桿原理的應用。將酒瓶放在框架上，小酒壺就會傾斜，酒就這樣倒出來……。而美女的手是用紙黏土做的，非常逼真。

它的關鍵（最妙之處）在於背景裝入美女的照片，還有會發出「好久不見」的女人聲音。

這是在電視節目中的比賽獲得優勝，非常富於創意的一個發明。它之所以會那麼受歡迎，正代表了寂寞而喜歡喝酒的人不少。

至於美女的照片，則是女明星山本陽子及其他許多美女，按照當時的心情如何，可以更換不同的美女來為你服務。

我想如此一來，即便是有太太的男人，也會想使用這種機器來喝一杯吧！

◆比賽消除無聊的創意

京都府的八洲電機公司，是一家約有一百名職員的公司，他們舉行過一次「消除無聊比賽」。這次比賽，便是比賽會讓人笑的創意，愈是異想天開愈能得到高分，藉此消除上班時的無聊、緊張。

究竟有什麼樣異想天開的點子呢？……。

首先，獲得優勝的是讓肥皂泡沫結凍的發明。使產生肥皂泡沫的肥皂水濃度增高，或將它放進液體蛋裡使它凍結。即便是無法凍結的肥皂水，只要將肥皂泡沫吹進裝有乾冰的盒子裡，最後終於大功告成。這個發明，雖然沒有任何用處，不過倒是符合「異想天開」的標準。據說，有六名職員花了半年的時間才完成這個發明。亞軍是二名職員所發明的「沒有葉子的電扇」。這是在鐵線上豎立許多針，然後給它加上二萬伏特的高壓電。此時，會從針的先端散逸出冷氣，而身體碰到這股冷氣會覺得特別涼爽。雖然實際上不會出現那麼多令人感到涼爽的冷氣，但只要一站在高壓電前，心理就會因害怕而覺得寒慄不已。季軍是在玩具火車的板上煮咖啡，利用蒸氣推動車子的咖啡車，這個發明能一面煮咖啡，一方面將它送到每個人面前。另外，給車子裝上鍊條，在下坡時上發條，利用此動力去上坡，這樣便輕輕鬆鬆地上坡的自行車。還有，用發泡保麗龍製作船隻，而在後部開一個小洞，從那裡使肥皂水滲進去，使船前進的無動力船，雖有一點無聊，但也是令人覺得很快樂的發明。

諸如此類，有許多富於創意的作品參加了這次的比賽。

◆拉麵界珍奇的發明

在東京赤羽有一家叫做「味工場」的拉麵餐店。這家拉麵店和普通的拉麵不同，以非常珍奇的菜單而聞名遐邇。例如：南瓜湯拉麵、加了三種起司的起司湯拉麵、很受男士們歡迎的玉米湯拉麵、十分突出的番茄湯拉麵。據說，番茄湯拉麵便是由這家店的經營者——網本幸雄先生第一個發明的。

凡是年輕人喜歡的咖哩及義大利麵，大部分都加了蕃茄。他因為從此獲得啟示而產生了點子，一下子成為衆人的話題。後來，他便陸陸續續地發明了很珍奇的拉麵，而每次都吸引許多人的注意，受到廣大顧客的歡迎，每天在他的店門前大排長龍。這位網本先生，在拉麵業界被喻為「拉麵界的愛迪生」，一直是受人矚目的焦點。

◆獨一無二的汽車參加的三菱汽車創意比賽

三菱汽車公司基於公司內部活性化的目的，舉行了一次「創意比賽」。究竟是比賽什麽樣的創意呢?例如，曾出現過如下的車子：車子的輪胎會變得很大的八腳車。這是裝在車體的輪胎像雨傘一般，分成八片，不管是階梯或惡劣的路況，都能行走自如。不過，在這些地方行走時的振動非常激烈，連司機都無法坐在車上，安安穩穩地開車。其他還有可以成為太陽能的購物車，以及後輪倒立駕駛也能移動的車子。這種車子，車體雖然縮小了，但仍能倒立行駛，即使是狹窄的地方也能停車，是使開車充滿樂趣的點子。

在停車場普遍不足的都會裡，如果有這種車體可以縮小的車子問市，並被實用的話，那真是再便利不過了！

◆中松博士所發明的提高人體機能的高科技機能食品

提起中松博士，很多人都知道他便是穿著「飛行鞋」去參加地方首長競選，而一躍而為知名人物的發明大王。他畢業於東大工學部，擁有二千件以上的發明專利。他也參加過紐約世界發明競賽，獲得許多冠軍。

在這個世界發明競賽上，一九八八年度奪得冠軍便是中松先生的「提高人體機能的機能食品」。

首先，「腦筋一想就覺得好吃」的是具有抗癌作用的食品。如果能一面看書一面吃的話，效果會特別好。「眼睛一看就覺得好吃的」是休閒食品，先看再吃，就會有助於視力。另外，「看電視會覺得很好吃」也是一樣，據說，以後的電視會變成立體的，不過效果就不知如何了。

◆中松博士所發明的從水取出能量的裝置

這種裝置的原理，是使水成為高分子聚合物，利用分子的結合力，取出水的能量，不但能利用於機械方面，也能利用於電氣方面。

如果實用化的話，便能從自來水取出能量，也能用這些能量開車。

這是中松博士認為能「取代石油的新能源的發明」，他一直以這種從自來水取出能量的裝置為傲。

而且，水的潛在能量是石油的三倍，有三萬公斤卡路里之多，所以，能以同樣的量從事三倍的工作。

假使普遍使用這種裝置，不管是汽車或噴射機，都能裝水讓引擎發動。而且，如果將它和家庭裡自來水水龍頭連接起來，變換成電氣的話，也能利用於冰箱及電視。因為利用的能源是水，它有別於利用石油，根本不會產生有害的廢棄物，它完全是一種乾淨的能源。

為了發明這種裝置，在美國某些州曾編列出一億美元的研究預算，據說，在中東也有投資人願意投資一百億美元。如果從水取出能量這件事真的實現了，一定會成為本世紀最大的能源革命。

◆輕輕鬆鬆登山的發條登山鞋

從山頂俯瞰山下的景色時，那種舒暢感是筆墨難以形容的，但是，只要一想到爬到山頂的那段路程，就足以使人望之怯步了。這樣的人，來試一試下面這種發明品如何？

它的名稱是「登山用的裝置」。這是由鳥取縣的池渕昇先生所發明的，其原理很簡單，不過是把腰帶和登山鞋用彈簧連接起來而已。穿著這種登山鞋去爬山時，所踏出的步伐由於彈簧收縮的力量，能使人輕輕鬆鬆地爬上高處，而後腳也不需那麼用力，能很輕鬆地伸出去。

在澳洲也有同樣的發明，而其原理是不用彈簧而用活塞。利用背部壓縮空氣的馬達的作用，使登山鞋動起來，因此，膝蓋便能隨意地做出屈伸運動，在本人都沒有發覺時，不知不覺中已爬到山頂了。

不過，僅是如此仍有盲點存在。池渕所設計的登山鞋在將彈簧伸出去時，胸部需要用到相當大的力量，而澳洲的登山鞋，則是背負的裝置相當沈重。

池渕自己也說：「正由於如此對健康才有利。」他拍著胸脯大力保證。但如此的登山鞋，有沒有不是都一樣嗎？

◆只讓船腹凹下去的「不會中魚雷的船」

美國曾有這樣的發明。

那是「不會中魚雷的船」。這個發明，是在第一次世界大戰即將結束產生的。這種船，浮在海上的模樣和過去的船並沒有兩樣。是不是因為它裝載了非常不得了的機器，使船上人員能感覺魚雷的來襲而避開呢？

但是，看了船在水中的模樣，不禁令人大吃一驚。原來，它只不過是除了船腹及船首的部分凹陷而已。

當時的盟軍，為了德軍的魚形水雷攻擊深感頭痛不已。這種魚雷，是直接向著軍艦的引擎及命中率特高的船腹正中央而來，威力十分驚人。

既然如此，如果沒有船腹的話，那麼不是就不會被魚雷擊中嗎？——這個想法於是成為發明的契機。

不過，這個發明有一項重大的缺點。因為，倘若對方的狙擊手很差勁，魚雷就不會向著船腹正中央而來，所以，如此一來反而會擊中船腹的前方或後方，無法避開魚雷，反而引來致命的一擊。

這樣的發明，可以說是真正的專利品嗎？

◆以纖維製的衣服消除牛隻的壓力

現代社會上的壓力受到人們極大的關注，不過，這種精神上的壓力並不是只有人才有。看起來很優閒的牧場牛隻，實際上也充滿了焦慮感，你相信嗎？

牛隻對於強烈的日光及雨水沒有抵抗力，而為了驅走牛虻及蚊子等害蟲，也必須花費相當多的精神，同時，也會耗損其精力。

因此，農水省想出了以多乙稀醇纖維製造的牛用衣服。這種衣服可以避開雨水及日光，保護牛隻的身軀，而且，由於上面綴滿了閃閃發亮的鋁，所以牛虻及蚊子也不會再靠近牛隻。

雖「牛先生」會有何種反應很令人擔憂，但據說給牠們穿上這種衣服後，也沒有厭惡的樣子。

在試驗牧場裡，試驗的結果發現：牛隻驅趕牛虻及蚊子的精神壓力已經大為減少，而且也不再懼怕雨水及日光，牛隻們經常都很有精神地吃著草。

這種牛隻專用服，是專用肉牛而設計、製作的，不過，希望也能給乳牛穿上衣服！

◆讓人覺得受傷也是一種享受的OK繃

受傷時，疼痛的同時，貼著OK繃的那種模樣常使人覺得自己很悲慘，縱使忍耐了疼痛，但至少會希望讓人心情開朗起來的OK繃。

看了那樣的OK繃，很富於創意，也有各種各樣的形式。看來有如貼紙一般，感覺十分有趣，往往令人莞爾一笑。

例如：密得利公司的OK繃，便有心型、十字型、星型、字母的「A型」、「B型」等等，種類繁多。還有上面加了「治療中」、「好痛啊！」、「真倒霉」等文字的OK繃。至於顏色方面，則有藍色、紅色、粉紅色、黃色等等，各種顏色全都齊備了。

開發這種OK繃的想法，來自「讓人希望再受一次傷」的奇想，也可以是為了「享受受傷」而下工夫研究。

此業界的業者所說的話，聽起來有一點不快的滋味，但從某一個角度去看，也許會覺得怎麼會說這種話，但其實這句話的真意並不在此。它的本來目的在於，讓人們不要為了一點小傷就不爽朗。因為，貼上OK繃的傷，本來就沒有什麼大不了的。不過，如果小孩也說：

「我要享受受傷。」那就傷腦筋了。

◆自衛隊所承認的附加降落傘的大風箏

在載了人的大風箏上，裝上降落傘，並將前面部分切除，這樣使大風箏升空——對於此想法，你有何評價呢？

這是很早以前，日本香山縣的星期日發明學校所發表的作品。當時聽見有這個發明的人，幾乎都是以「沒有現實性」或「怎麽會想出這麽無聊的東西」的表情，一笑置之。的確，會笑的人也是難怪，畢竟，一般人都只有普通的想法，不可能有如此異想天開的點子。

然而，時至今日，它已經「發跡」為一種運動，連日本自衛隊都認為這種裝置非常優異，正在作進一步的研究之中。

的確，僅僅是大風箏也能升上空，但它有突然掉落的危險。所以，如果裝上降落傘的話，萬一有突發狀況時，也不會掉落地面。

也許看來好笑的想法，才可以說將來可能實現的一種樂趣。

◆使平衡感更發達！——手踩的三輪車

小時候每個人幾乎都坐過三輪車，大概沒有人會對「三輪車是用腳踩的」這點表示異議吧！

然而，長谷川富男先生所發明的三輪車，居然是「用手踩的三輪車」。正如其名稱那樣，騎這種三輪車腳只需安靜地放在踏板上，而用手操作把手前進。

將左把手向前推進時，左車輪就會前進，而推進右把手時，右車輪就會向前進。因用禁止逆轉的零件使它具有剎車的功能，所以不會往後退。由於是蛇行前進，因此身體的平衡感會更加發達，而上半身的肌肉也會被強化，就是這樣的構造。

從以上的敍述便可知道，前面二輛、後面一輪這種形式也是非常嶄新的。

不過，只有上半身發達了，也很傷腦筋。如果也併用過去傳統的三輪車，也許便能使身體的肌肉更加匀稱、更具平衡感吧！

◆辛苦十五年終於發明了「萬靈丹咖哩」

不管在什麼地方吃東西，也不會有人不喜歡的食物即是「咖哩」。不過，正因如此無法顯示出個人的個性。

在這樣的情況下，產生了一種能發揮強烈個性的「萬靈丹咖哩」。這是在港區高輪一家叫「陽光」的店所推出的菜式，據說大受歡迎呢！

做法是將各種調味料、小麥粉和許多蒜頭一起炒。然後，加入特製的濃湯、蔬菜、肉類去燉煮。在上菜之前，總共約需燉煮一百小時，燉到完全沒有固形物的程度，程序相當麻煩。

「好吃是不用說的，吃了它的話，不管是感冒、肩膀僵硬、宿醉、鼻炎……等等，立刻便能痊癒。」這是店東光田吉宏先生信心十足的說法。據說，聽到風聲而到這家店來的客人，只要吃上一次「萬靈丹咖哩」就會成為老主顧，百吃不厭。

光田浸淫於咖哩的研究已有十五年的歷史，經過這麼漫長的歲月，他的成果便是這種「萬靈丹咖哩」。吃它並不像吃藥那麼苦，不僅具有療效，可當作藥，它也算得是一道美味。所以，假使覺得身體不適，不妨試試這帖「萬靈丹」如何！

◆尿液也可以成為安眠藥！

尿液只不過是體內所排出的廢物而已，並沒有任何用處——如果你還有這樣的想法，那就趕不上時代啦！最近，有所謂「尿療法」，即是一種喝下自尿液的健康法。甚至還有以尿液為原料製造的安眠藥，在科學家的實驗上，已獲得成果。

人體尿液的成分中，對安眠藥有用的是一種控制人的睡眠叫「S物質」的特殊物質。它是麩酸、丙胺酸等物質以不同的比例所構成分子數為九二二的物質。

發明這種藥物的人，是美國哈貝特大學的約翰・R・巴貝赫馬博士。他將S物質注射到兔子的腦部，劑量是相當於體重每一公斤的二億分之一，也就是一公克，結果，兔子的睡眠時間增加了百分之二十。

雖尚未到實用化的地步，但是，聽到這個發明之後，有人可能會覺得將尿液排到馬桶裡實在太可惜。不過，必須有五噸以上的尿液，才能取得其十萬分之一的三公克S物質，在等到能讓人安眠的量之前，大概就先累得先倒下呼呼大睡了吧！

◆蕺菜酒好喝嗎？

擅於模倣的日本人，連西洋人的飲料葡萄酒，也會設法做成他們自己一派的葡萄酒，具有獨特的風味。

舉其中一小部分例子來說，有櫻桃酒、越橘果的漿果酒、草莓酒，種類繁多，不一而足。據說，聽起來不是很好喝，但喝起來卻是美味無比。

至於聽起來很好喝，但真正喝時令人不禁躊躇不前的，則是「蕺菜酒」，它真的能喝嗎？蕺菜酒是由蕺菜汁加上蜂蜜發酵而成，產地是日本山梨縣的酒廠，是一種十分珍貴的酒。

提起蕺菜，是一種很容易被人敬而遠之的植物，其氣味聞起來令人很不舒服，所以，它的果實是否適合於製酒呢？

它的氣味濃厚，顏色則是深褐色。由於是一種藥用酒，所以味道並不太好。

不過，蕺菜居然也成了製酒的原料，真可以說是「出人頭地」、身價百倍了。

◆獲得專利的數學新解法

美國電信電話公司（AT&T）的那里德拉·卡馬加博士發明了稱為「有效地分配資源的方法及裝置」，以及「為了使系統運用上的各種變數最合理化的方法及裝置」，這兩種線形計劃法的新解法，並開發出根據此解法完成的電腦系統。自一九八五年四月到八六年八月這段期間內，申請專利的程序終於順利完成，獲得專利。

由外行人看來，根本就不清楚此新解法究竟是什麼？有何高明之處？但若簡單地說的話，它可以說是「從哪一個倉庫將多少材料運到哪一個工廠，運送費會最少？」也就是使用生產管理及經營計劃，使生產成本維持在最少的程度。

它是比以往速度快上五〇倍的優異專利，不過因為是結合不同的領域，所以引起了極大的爭議。

因為，在國際上以往一直認為：「數學的新解法及科學上的理論，是人類共通的財產，而不是將它拿來作為專利的對象。」

由於此一事件，人們以往的習慣會不會因此而打破呢？這倒是一個令人極感興趣的問題……。

◆啊！真不可思議，花的顏色會變！

魔術師將布罩在漂亮的花上，嘴巴一陣唸唸有詞之後，突然將布掀開，此時，花的顏色已經變了——像這種魔術一般，雖稱不上做得非常巧妙，但現在已有人發現了能改變花的顏色的物質。

這是以前西德的海因斯・希多拉博士等一組人所發現的，而他們實驗時所用的花正是牽牛花。花瓣是可愛的淡粉紅色。

雖說是粉紅色，但實際上它是具有紅色花的素質，含有大量成為紅色素的花色素，原料也就是稱為多羅肯夫爾的物質。

如果將這種多羅肯夫爾物質還原的話，就應該會成為紅色的牽牛花，但由於它缺乏還原所必須的一種酵素，所以無法變成粉紅色。

換句話說，假使給予這種酵素，應該能改變花的顏色——希多拉博士們這樣想，後來也居然從玉米中發現了這種酵素。

他將酵素注入粉紅色的牽牛花，果然不出所料，真的開出了紅色的牽牛花。現今的階段，只能達到這種程度，如果將來能隨心所欲地逐一改成自己喜愛的顏色，那就再好不過了。

◆水面飛行的飛機墜落也無大礙！

「飛機又快又方便，但如果墜落就大事不妙了！」基於這樣的理由而懼怕搭乘飛機的人，似乎不在少數。倘若有人發明了「水面飛機」，大家的恐懼一定會減少許多。

這是日本名古屋大學工學部的安東教授及鳥取大學工學部的久保教授所開發的飛機。顧名思義，這種飛機恰好緊貼在水面飛機。

雖然我們會覺得更高也會和普通的飛機一樣，可是如果考量到能量的效率這個因素，就大大地不同了。據說靠近水面的路線效率好得多。因為，被塡充於機翼和水面之間的空氣，會增加水面飛機的仰力，這便是所謂的「節省能源」。

起飛、著陸都是在水面進行的，以全長一公尺的模型飛機做實驗時，雖然無法長時間很穩定地飛行，但起飛及著「水」在水面上滑行而成功地完成了試飛。

這種飛機倘若能繼續研究下去，實用化應是極有可能的。

如此一來，萬一墜落的話，也因為水就在下方所以大可放心。不過，那些不會游泳的人會不會懼怕搭乘這種飛機呢？

◆「哇！」有如彩虹一般的醬油

現今已成為世界性調味料的醬油，不知是否由於這個關係，居然也出現了有七種顏色，色彩繽紛而富於變化的醬油。

製造這種醬油的發明者，是日本栃木縣一群不同業種的共同研究者們。他們所使用的素材，是我們放在餐桌上的普通醬油，只是加入活性碳後攪拌，讓色素被活性碳所吸收，然後再將它放入離心分離機。

經過二次以上的作業，然後再經過精密的程序，如此便能成為透明的醬油。

至於七色的「彩虹醬油」，則是給這種透明醬油加入著色料，並加上在製造過程稍稍流失的美味。

七色即除了透明之外，還有紅、黃、橙、藍、綠、紫。

星期一用紅色的，星期二用透明的，星期三用……，不是很有趣嗎？

雖然這樣餐桌上變得很富於變化，非常不錯，然而，如此一來，很可能會演變成搞不清哪一瓶是醬油的情況，而令人手腳大亂吧……。

◆星新一的父親所發明的「幸運之神」

星新一是在科幻小說的領域裡，展現獨特的構思、廣大的想像世界的一知名作家，全世界都有許多人喜歡閱讀他的小說。也許是因為這種血統上的緣故，他的父親星一也有一則與衆不同的軼事。

在昭和初期，星的公司「星製藥公司」面臨了即將被人併呑的命運，心情上十分不安。為了克服這次的災難，必須找一個能成為幸運的象徵的「協助之神」，想到這點的他，於是請了一位自己所認識的雕刻家雕刻了名為「幸運之神的木偶」。

在一次宴會上，他公開了這個木偶，而將複製的木偶分贈過出席者。

那天的傍晚時分，對星來說是大恩人的杉山茂丸先生暈倒了。在場一位姓江的醫師聞訊立刻趕上前來，但杉山已經陷入危急狀態。當時，江藤先生正在參加星的宴會，當場也帶著那個木偶。他對杉山說：

「木偶就在你的枕邊，所以，杉山不要緊的，你的病絕對會好的！」

雖然覺得沒有希望，江藤醫師還是這樣安慰杉山。

結果如何呢？杉山竟然甦醒了，從死亡的邊緣又回到現實世界，完全恢復了元氣。

被稱為「達比」的木偶，最後由星製藥公司製造、出售。經過此一轉捩點，公司終於克服了困境，真正成為星製藥的「幸運之神」。

◆好吃嗎？用少女的唾液製造出來的酒

我們吃飯時，在嘴裡嚼得稍久一點就會感覺有甜味，利用此原理去釀酒的情形，在從前的日本即行之有年。

唾液本來是沒有味道的，也沒有氣味、顏色，但它含有稱為「澱粉酶」的物質。這種物質，使粟及稗糖化，而製造出含有酒精成份的酵母，容易附著在唾液裡。在≪大隅國風土記≫有如下的記載：

年輕女性將粟及稗等雜穀放入嘴裡，經過長時間的咀嚼之後，「呸」一聲吐出來——。

據說，早在繩文時代中期便已經有利用此方法製造出來的「口嚼的酒」，真是非常獨特的造酒法。如果現代也有用此方法製造出來的酒，我會很興奮地去購買吧！

◆不銹鋼製及鋁製的特殊車票

對電鐵公司來說，極有賣點便是為了某些原因而發行的紀念乘車票，往往可使公司有一大筆利益收入。因為，有不少會特地用這種車票搭乘電車，所以發行這種車票絕對是穩賺不賠的。其中比較與衆不同的車票，大概便是用不銹鋼和鋁打造的車票。

首先，不銹鋼製的車票是於一九八四年，由新潟縣的JR彌彥線「燕」車站所發售的紀念入場券。目的是為了紀念燕市改制為市三〇週年，大小約為一八公分×六公分。表面是金色。

用不銹鋼製的車票能剪票嗎？根本不必擔心這種情形。它是和紙製的入場券成為一套，使用時只需用紙製的入場券即可，所以仍保留了不銹鋼製的車票。

鋁製的車票，則是於數年前的一九八二年的十二月二十七日由京浜急行電鐵公司所發售，名稱是「二〇〇〇型車廂完成紀念乘車票」。上面繪有所紀念的新型車廂，大小是一六・五公分×一一公分。

這樣的車票，在看習慣之後，就不會有任何難能可貴的感覺。到了最後，會不會變成金製及銀製的車票呢？這也不是沒有可能的吧！

◆在廣播節目的開玩笑中誕生的泥濘燒

一九七九年，大阪廣播電台的深夜節目「泥濘的世界」，是個廣受歡迎的節目。有一天，參加這個節目的笑福亭鶴瓶先生開玩笑地播送說：「你吃過泥濘燒嗎？」當然，現場並沒有什麼叫「泥濘燒」的東西，但他的觀衆卻信以為真。大家都紛紛湧向據說在販賣泥濘燒名叫「千房」的店。這家店位於千日前，不用說並沒有所謂「泥濘燒」的菜色。然而，當客人向店方點「泥濘燒」這道菜時，店方也不能回答「沒有這道菜」。於是，他們靈機一動將什錦炒從七九〇元降價為六〇〇元賣出。真正的「泥濘燒」，並未在這家店的樣品、菜單上出現。

出乎意料地，接二連三有人投書給節目說：「我吃了泥濘燒，真不錯！」就這樣，「泥濘燒」竟然愈來愈受歡迎。而「千房」的店中擺著一本名為「泥濘燒的日記」的筆記本，供顧客們簽名留念，或寫下自己吃後的感言。結果，在一年半的時間內竟有一〇萬人的簽名。據說，「千房」的營業額達到前一年的二〇倍！

◆射中躲進岩石後面的對手的子彈

這是在電影中出現過的發明，因為它的點子十分有趣，所以現在介紹給各位。

曾有一部這樣的西部電影，主角是堪薩斯一名被追緝的男子。

這名男子某日被要追捕他的人發現，他的四周全被帶著手槍的男子包圍住了。雖然他想逃走，但那地方是岩山，到處都是岩石，只要稍微露出頭部，就會有子彈從手槍射過來，非常危險。在這樣已經無路可逃的情況下，他如何化險為夷、反敗為勝呢？

這名通緝犯，將一面小鏡子拿到自己躲藏的岩石上，然後，瞄準映在鏡子裡的對手，向那人射出子彈。結果，很不可思議地子彈彎曲方向飛了過去，變成有如棒球的變化球一般，子彈竟射進了岩石的內側，擊中追捕他的人，將對方一一擊倒了。

發明這種奇妙的子彈的人，是劇中飾演主角的詹姆斯•荷波。這種子彈的後面，附有改變子彈方向稱為引導翼的構造，是一八七〇年的創意。

◆一直面對太陽的房屋

買房子、蓋房子時，最讓人擔心的莫過於陽光是否充足。可能的話，最好是一整天都能照到陽光，沒有比這更令人興奮的事。既然如此，房屋只要像向日葵一般朝向陽光不就萬事OK了嗎？有人這樣想，在國際居住博覽會上所發表的未來房屋「二〇〇一」，便是根據此一想法建造出來的房屋。這種房屋的構造，是用馬達使地基一點一點地轉動，使房屋一整天

追逐太陽的房屋：「未來房屋2001」

都朝向陽光，就像一株向日葵一樣。

除此之外，也在採光方面下工夫，也就是在屋頂上裝上很大的雙重玻璃窗。而在玻璃窗與玻璃窗之間，鋪滿了塑膠製的珠子，如果想遮斷太陽光線，便將珠子鋪滿整片玻璃窗。假使想讓光線照進房子裡，則只需讓珠子滾入窗子的下部即可。這種未來的房屋，要普及於一般家庭仍是遙遠將來的事，但是，這絕不是夢想，相信終有一天，我們都能擁有二十四小時都面對陽光的房屋。

◆巧克力烏龍麵好吃嗎？

大約一九八五左右，社會上非常流行的一件事便是各種食物「亂點鴛鴦譜」，做不同於以往的搭配，乍看之下根本不可能放在一起的食物，經過巧妙的搭配，往往有意想不到的效果。例如：用洋火腿做壽司，或用美乃滋和肥鮪魚做生魚片，這樣組合出不同的菜式。還有加發酵過大豆的義大利麵，麵和咖啡軟糖搭配在一起的咖啡湯麵，奶油玉米湯烏龍麵，冰和糯薯搭配在一起的「雪糯薯」，番茄湯麵……等等。

在這些許多奇奇怪怪的食物中，特別突出的便是給烏龍麵淋上巧克力，然後再加上杏仁條的「巧克力烏龍麵」。這是位於新宿的一家餐廳所開發出來的新菜式。

它一推出之後，在熱烈銷售的同時，也出現了贊成及否定兩種論調，引起廣泛的討論。有人說：「那只不過是一種怪東西，不值得一提！」也有人說：「那是不拘泥於傳統很富於新創意的東西，很不錯！」然而，不知是否因為這是很離譜的嚐試，不久之後，便和它同時發明的「橘皮果醬烏龍麵」一起消失掉了。

◆大正時代讓小學生穿著的「防止自慰的短褲」

有些時候，直到現在仍無法以一般常識去理解的學校規定，會被人們提起當作茶餘飯後的話題，現在看來，有些學校則未免太小題大作，令人啼笑皆非。最常被人談論的便是禁止男女學生交往，甚至連說話都會觸犯大忌，這個規定的不合理性自不待言。除此之外，諸如髮型、服裝、攜帶的物品之類的規定，乃至衛生紙的使用方法到父母的注意事項，真可謂無奇不有。經過長久的時間，這些已經令人生氣不起來，哭笑不得的規定還真不少，有的則早已被人們淡忘。如果認真遵守這樣的校規，人格是否會產生障礙呢？這倒是讓人油然而生同情之心。

從明治末期到大正時代，也免不了有過如此無聊的規定。大正七、八年時，東京女子高等師範學校附屬小學男學生的服裝標準便明文規定：「褲子的口袋要在背後的右方。」意思是說，口袋應設在臀部的右方，而且只能有一個。這項規定的理由，是為了防止男學生的自慰，因為如果褲子的口袋設在前面，小男生們就會像大人一樣，容易作出自慰的動作。

當然，有這項規定的通常都是特別嚴格的學校，一般小學可能並不適用，沒有這種校規。不過，真的有人利用褲子前面的口袋自慰嗎？這是個令人懷疑的問題。

◆全世界僅此一張的香水郵票

我想大概有不少人在小學時有集郵的經驗。當看到珍貴的外國郵票及設計漂亮的郵票時，便一張一張小心翼翼地信封上剝下來，和朋友交換，並將郵票放在集郵冊裡保管，十分珍惜。同時，集郵者也因為研究郵票的歷史、圖案等享受到無限的樂趣。郵票反映了一個國家的國情及時代，且在各方面都很考究，即使不是很高的價值，也能達到怡情、益智的目的，即使不去收集，也一樣能樂在其中。集郵迷們熱中於稀罕而美麗的郵票，我們並不能理解他們的那種心情。

一九五五年由以前西德所發行的郵票，在背面有膠水的部分摻入了紫羅蘭香料，非常珍貴。這是為了紀念一九世紀的某位詩人兼名小說家的一五〇周年誕辰而發行。上面的圖案是詩人位於森林中的紀念碑。摻了香水的郵票，據說在那時候是空前絕後、絕無僅有的一種。不過，在郵票的背膠裡摻入香水，能聞到微微香味的，看起來的確是很羅曼蒂克，很有樂趣。

◆以人類的胎盤製造的強精酒

因為對性生活喪失自信而大傷腦筋的中年男性，最近出現了對他們極有幫助的強精酒，其中最具代表性的便是蝮蛇酒及蟒蛇精。近來，女性的性意識抬頭，不再是完全被動的一方，可以有權利拒絕男性的要求。所以，男士們為了證明自己的男性氣概而努力，大概可以說是非常艱辛的一件事。儘管如此，用於製造強精酒的蝮蛇及蟒蛇，生命力極強。曾有人說想要喝酒，而用嘴巴去靠近酒瓶瓶口，結果發現裡面的蛇竟然還活著，舌頭被咬了一口，所以應小心取用。

對於增強精力的慾望，古今中外都是一樣，因此自古以來即有各種各樣的強精酒流傳至今，不過在此要為各位介紹中國的漢方強精酒。

在中國，不僅有毒蛇做成的酒，還有放入蜥蜴、海馬、冬眠的蟾蜍、熊掌、母鹿的尾巴等所做成的酒，十分珍貴。種類之繁多，真的除了擁有廣大國土、具有悠久歷史、動植物種類衆多的中國之外，再也找不出第二個能製造這麼多酒類的國家，真不虧是世界首屈一指的「飲食大國」。在這些珍貴的酒類中，最稀罕的應是放入人類的胎盤製造出來的「胎盤酒」。它的顏色是有如混濁的紅茶一般的暗褐色，據說它的效果十分優異。產地是中國大陸的廣西省。不過因為胎盤是極為特殊的一種材料，所以可能並不是隨便就可取得。

由於傳說這種酒對於增進精力極有助益，許多人是想盡辦法去得到它。

◆墨西哥出現了加蛆的酒？

不同的人，有不同的喜好，於是，世界上便出現了各式各樣、千奇百怪的食物，而且無奇不有，令人聞之不敢恭維。例如：猴腦、蜥蜴、螞蟻、蝸牛，都是某些老饕的盤中佳肴。對不習慣的人來說，真是不可思議，也是無法置信的一種酒。這些酒被人們視為珍貴之物而保有它們，並不是稀奇的事。以往，日本的刺身不也被視為野蠻的東西，成為歐美人的笑柄？

墨西哥的南部，有一種非常奇特的酒，曾被列為幾種特殊的飲料之一。酒的名稱有「加了蛆的酒」之意，顧名思義，那是蛆沈澱於瓶底的酒。

對我們未喝過的人來說，那實在是令人作嘔的東西。不過仔細想想，蝮蛇酒、蟒蛇酒這些酒也是大同小異。只要把它當作瓶裡的不是蛇而是酒就好了。當地的人，大概也和我們喝蝮蛇酒和蟒蛇酒時一樣，一點都不覺得如何吧！

有機會的話，不妨大膽一試。

◆既然有女性用的避孕用具，那麼也應有男性用的

女性用的避孕藥據說在避孕上有百分之百的成功率。由於避孕藥的開發，女性在性方面得以解放。避孕藥是將合成卵子荷爾蒙和合成黃體荷爾蒙混合而成的錠劑。只要吃下這種藥

物，子宮就會成為和妊娠時同樣的狀態，會抑制卵巢排卵，所以不會懷孕。

但有人認為，在這個男女平權的社會上，只有女性必須時時注意懷孕的事，未免太不公平了。而且，女性究竟是否懷孕了，男性方面並不知曉，如果女性懷孕了，而要男性無論如何負起責任，那也並非男性所願。

因此，最近正在進行男性避孕藥的開發。在中國大陸，使用棉子油的地方出生率格外的低，於是科學家由棉子裡取出某種物質作為原料，發明了男性用的避孕藥。根據在中國進行實驗的結果，避孕成功率高達九九・八九％。

但很遺憾的是，這種物質會抑制對致癌物質有解毒作用的酵素的作用，所以，要將它實用化可能還要一段時間，看來，女性只有慢慢地等待了。

◆用寄居在害蟲屍體的蛹製造的殺蟲劑

近來，大家都開始關心環境問題及安全性。因此，農藥的使用現在已漸不採用化學性的，許多有心人士都極力想開發出利用天然素材而安全較高的農業　目前這方面的研究，變得相當活絡。

在各種農作物之中，橘子、蘋果等果樹絕不能任意噴灑殺蟲劑。因此，為了驅除害蟲農人往往視為一大苦差事，相當不易。在想到想不出辦法的情況之下，應運而生的便是調查害蟲有何性質，利用害蟲的天敵驅除害蟲的方法。武田藥品所發售的殺蟲劑，即以某種蜂製成，對於驅除蘋果樹的害蟲發揮了極大的效力。這種殺蟲劑，是讓害蟲的天敵——某種蜂的蛹寄宿於害蟲的屍體裡，每一張有二百隻左右的蛹，將這貼在蘋果樹上。蜂會孵化、成長，而附著於蘋果樹的害蟲的身體上產卵。而孵化的幼蟲，會將所寄宿的主人——害蟲殺掉，所以，不必使用農藥便能輕易去驅除害蟲了。

◆發明不需要燃料的發電機而遭逮捕的男子

住在日本的男子竹內國松，向丸之內的某大電機製造廠兜售他用乾電池及鐵製測定機製造的「磁氣誘導發電機」。他說，只要使用這種機械，根本就不需要電氣便能發電。那家製造廠相信了擁有理科博士頭銜的他，而付了二百萬給他，開始和他共同開發這種發電機。

但後來廠方才發現，那完全是騙人的把戲。竹內所說的機械，原來只不過是一個不通電就不會發動的馬達而已，普通得很。

當然，他的理科博士也是假造來唬人的。

不久之後，竹內便以詐欺的罪嫌被逮捕了。

不過，專業、內行的電機廠居然如此輕易地被他矇騙了，真是不可思議，大概是他的機械做得太像一回事了吧……。

◆「最後的晚餐」原來是香港的蟑螂屋！

廣告文案的撰寫者，往往也是新的流行詞語的發明者。因此，他們經常會將一些普遍使用的詞語組合起來，編撰成極有影響力的警句、佳句，以達到吸引人們注意的效果。

「最後的晚餐」便是為消除蟑螂的藥品命名的最佳例子，是一則非常著名的廣告文案。這種藥品以「甲由一掃光」的商標，在香港的各大超市等處銷售。

只要吃了它，蟑螂就會立刻一命嗚呼哀哉。也就是說，這種殺蟲藥對蟑螂來說無疑是「最後的晚餐」。它的內部構造和日本的「蟑螂屋」是一樣的。不過，以達文西的藝術作品來命名，實在是妙透了。

像日本的「金雞牌蚊香」等殺蟲劑的命名，也有不少與衆不同的命名，頗能博君一粲，令人發出會心的微笑。看來，廣告創意人員恐怕都投注於殺蟲劑的命名。

◆陳列在廣尾的「太陽」連鎖店中的趣味脫臭劑

「基姆可」便是盒型的冰箱用脫臭劑，不過，最近也出現了以布製作的模型脫臭劑。而其形狀，真是千變萬化，非常有趣。例如，有的是四季豆模樣的，有的是紅蘿蔔模樣的，更有做成香蕉模樣的脫臭劑。將它們隨意放在冰箱的一角，便不會產生不調和感，而且其體積又不大，不至於佔太大的地方。

香蕉型的「基姆可」稱為「雖是香蕉卻會除臭」，而四季豆型的「基姆可」，則稱為「雖是四季豆卻會除臭」，簡單地說便是「會除臭的香蕉」、「會除臭的四季豆」之意。無論是什麼樣的蔬果，都可以縫製成維妙維肖的脫臭劑造型。

這種「基姆可」，並不同於其他盒型的脫臭劑，陳列在任何超級市場出售。據說，在經濟較為寬裕的家庭主婦經常會出入的廣尾一帶的便利商店，都可看見這種脫臭劑，銷售情形頗佳。

大概不是因為那裡的太太們，無法辨別真正的四季豆和縫製的四季豆，所以才擺在那些商店銷售的吧！不過，除了這樣想以外，我們根本無法瞭解「雖是香蕉卻會除臭」中「雖是」的意思。一般人看到其名稱，實在很難聯想到它是脫臭劑。

◆這樣的發明千萬使不得——使用炸彈的恐怖活動

曾經有一度，在激進派人士之間製造限時炸彈非常流行。那段時期大約在一九七〇年左右。在丸之內首都的中心地區，便發生過一次爆炸事件，連毫不相干的市民都被犧牲了。

在這個世界上，第一個發明炸彈的人，是蘇俄的化學家。那是一九世紀時的事。之後，義大利人奧爾西尼製造了使用炸彈、用手投擲的手榴彈，他用來向拿波里三世投擲，或刺殺重要的人物，一時之間引起人們極大的非議、反彈。

成為炸彈材料的是強力的硝酸甘油脂，只要購買一百公斤，便能炸掉一棟建築物。

這種硝酸甘油脂，是心臟病患者必備的藥品，必須隨時攜帶在身上，以防萬一。至於炸藥，原本更是為了開墾山野所產生的發明。

為了人而產生的發明，就端看你如何使用，它可以成為殺人的工具，也可以成為開墾山野的工具。任何發明，都有可能變成這種諷刺、矛盾的情況。

◆有如鬼屋一般！愛好發明者的家

三鷹發明研究會會員中村先生的家中，有形形色色、包羅萬象的發明品。

例如：人走過去電燈就會熄滅的玄關。利用定時開關，時間一到就會自動點亮的家庭照明燈。裝滿水就會自動停止的洗衣機裝置。讓蚊香的成分吹向他處，不傷害人體的裝置。任何粗細的筆都能豎立起來，帶有彈簧的筆筒。使用時不會碰到集水槽的梯子……等等。

還有，他發明時可能會用到的東西，例如：已經壞掉的電扇、電線、衣架、鞋箱，全都擺滿了屋子，真是琳瑯滿目。

這些東西，在已經有五〇年歷史的屋子裡，擠成一堆，顯得有些雜亂，也透露了幾分詭異的氣氛。

「這個家快要變成像鬼屋一樣了……。」

他的太太這麼說。

如果有這樣的房屋，既實用又能享受樂趣，住起來一定很舒服才對，怎麼會覺得像鬼屋一樣呢？

第二章

如此珍奇的發明你也能嗎

◆打開便有活動簾出現的節省能源冰箱

自從全世界都高聲呼籲「節省能源」之後，家電製品廠商也開始在各方面下工夫。以冰箱而言，有的冰箱冷凍室及冷藏室的門分別獨立，最近，更有的冰箱光是冷藏室便設計了好幾個門。這樣的設計，便能減少冷氣散逸。

但能不能更進一步節省能源呢？有的，絕對做得到！

它的方法便是打開冷藏室，然後將活動簾裝上去，這樣一來，當喝擺在門上的啤酒及果汁時，冷氣的損失就非常少，取用時，簾子阻隔了裡面的冷氣。

可是，如果只用簾子的話，有時會有一點困擾。那是因為，如果在將門關閉的狀態下，裝在門上的東西就受不到冷氣，不夠冰涼。

因此，必須在門上裝上凹凸不平的鐵線。當關上冰箱門時，鐵線會推開簾子，冷氣便自然出來。一打開門時，簾子又會立刻閤起來，冷藏室本體的冷氣也就不會散逸到外面。

儘管如此，由於需要一隻手去剝開簾子，才能取出裡面的東西，所以取出東西會多花時間，也有這樣的可能性……。

◆嘔吐時請吐在裝有汚物排出口的漏斗

喝太多或吃太多時，常會覺得不舒服而想嘔吐，此時，胃袋會感覺極度難受。

可是，你隨便吐出東西會弄髒你所在的地方，而嘔吐的穢物會飛散到洗臉槽四周，有時則忘了將穢物清理乾淨，等穢物一乾燥，氣味便一直留在原處。

因此，想嘔吐時請使用「附有汚物排出口的漏斗」。這是在洗臉槽的排水口插入一個漏斗狀的東西，將穢物吐到這個漏斗裡，就不會弄髒四周。

但是，也並非完全沒有問題。濺到漏斗裡的穢物，最後還是要由自己沖走或洗乾淨才行。而且在緊急的狀態下，在大喊「漏斗在哪裡！漏斗在哪裡！」之前，很可能已經將穢物吐在地上了。假使因而將漏斗放在隨時都看得見的地方，那麼人的心情恐怕不好過吧……。

◆在電車上打盹也能保持端正姿勢的面罩

在電車上搖晃著一個站一個站過去……，疲倦時很容易因而打盹。當我們看打盹的人時，絕大多數的人姿勢都非常不好。例如：頭部會向左右傾斜，變成駝背而壓迫胃部。即使是這種姿勢，並不會損及健康，但對健康不利絕對是無庸置疑的。

因此，三鷹發明研究會的會長新明善三先生，發明了打盹時仍能保持原來姿勢的面罩。這是一種在瓜皮帽般的帽子，裝上附有礦工帽的探照燈的面罩，從左右光線附近向後面伸出「把手」，有如眼鏡架一般。

而帽子的末端附有吸盤。這個吸盤，是為了要吸住電車的玻璃窗，使頭部固定下來。如此一來，即使打盹了也能保持原來的姿勢。

至於面罩的目的，則是為了掩飾打盹時難看的臉部表情。這個創意很不錯，可是，伸直背脊打盹未免太辛苦了……。

◆領巾上裝上頭髮，很快便做成輕便的假髮

為了頭髮脫落、漸變稀疏而苦惱不已的，不僅是男性而已。上了年紀之後，女性們也多多少少會因為頭髮稀疏而大傷腦筋。

把這種自身的煩惱和發明結合在一起的，便是首藤安子女士。她很介意自己的頭髮變稀疏了，外出時頭上都會戴著領巾，她想到：「乾脆在領巾的前面部分裝上頭髮，看起來頭髮

會變得多一點。」

她想著想著，立刻便著手在領巾上裝上頭髮。

她在一個發明學校發表了這項發明，幸運地被選為冠軍。這件事後來成為社會大眾的話題，NHK電視台更邀請她上節目。

換句話說，這是一種由「抱怨」改變為「發明」的積極性發明。

「因為女性才能使用領巾，所以實在很令人羨慕……。」

這便是為了頭髮稀疏而苦惱的男性們所發出的感嘆聲吧！

◆可以水洗的西裝及改良西裝

在家中也可以清洗的西裝，是大約在一九八〇年問市的。這種服裝，大概反映了當時因石油不足而形成的高物價時代，為了節省金錢，許多人不得親自清洗西裝。

這種西裝的材料，是百分之百的聚脂，或聚脂和其他質料材料的混紡，輕盈便是其最大特徵。用洗衣機洗濯時，形狀並不會破壞，也不會縮水，價格大約在五千元左右，相當便宜，這也是其魅力的所在，許多男士都趨之若鶩，人手一套。而其缺點，則在於西裝的模樣看起來比毛製品差，遇到香菸的火更會迅速地燒成一個洞。不知是否因為這個情形，這種西裝雖轟動一時，卻無法永久暢銷。

還有一種西裝是「改艮西裝」。這種奇特怪異的西裝，當時也在市面上銷售過。它可以折疊起來變成手提式，炎熱的夏天在通勤的電車上或外出時，如果穿著西裝將會十分不方便。穿上去很熱，拿在手裡也很麻煩，真是兩難的問題。

考慮到這個問題的，便是帝人總公司位於公司的基庫瑪服裝公司。他們共同開發出了這種富於變化的西裝。雖然這個創意很不錯，但不知是否由於不怎麼好看的關係，推出之後，並不成功，最後終於無疾而終。

◆設置空瓶收集桶也來不及了！

開始提倡「節省資源」的一九八三年，日本在東京都內設置了十五處空瓶及空罐的回收桶。其目的便在於，改變以往「用完即丟」的觀念，使資源能再次加以利用，節省資源的浪費，也有助於保護環境。

這種空瓶回收桶的回收情形，以東京都為例，當初是由地方自治體及果汁，清涼飲料廠商兩者共同辦理的。後來，日本製桶協會也加入了行列。

以往，酒類及啤酒的空瓶是由零售業者負責回收。

然而，果汁及清涼飲料的小瓶子都是「用完即丟」，而且，它的量每年一直在增加，成為東京都環保局清潔隊一大頭痛的問題。

這種回收桶，不知是否由於沒有當初所預期的成果，現在已看不見它的蹤影。取代它而出現的，便是在超市等處設置的牛乳容器回收桶。資源是有限的，只要是能再次利用的東西，不管任何東西都應回收，以便有效地利用，希望大家都能有這樣的觀念，並身體力行。

◆以減肥輕鬆地減肥

禮品令人覺得不愉快的地方，便是在底部墊了東西乍看之下似乎很多，但實際上的份量可能只有一半而已。

但是，這種不誠實的想法也可以善加利用它，發揮創意。橫山康子女士所想出來的「減肥茶碗」，是一個「升高底部」的單純的碗，就像普通的碗一樣。她的目的在於幫助容易吃得過量的人。

從側面看，那只不過是個普通的碗，但仔細一看，它的底部很淺。將飯裝上去時，看來是滿滿的，但實際上的份量比原來的份量少了許多。

有些人也許會覺得這個發明並沒有太大的意義，不過，它對那些體重超過標準不得不限制飲食的人來說，這倒是很令人興奮的一大福音。其原理是以「眼睛」來體會飽脹的感覺，以此減少精神上的負擔。橫山女士本身，由於高血壓的症狀被醫師逼著要限制飲食，而這正是她發明「減肥茶碗」的由來。

她發明當初的試作品，是將球切成一半，將飯放在半球型的碗裡。後來，在某個發明展時被新瀉市的廠商看中，目前已被當作溫泉旅館的禮品而出售。

如果正如她的推銷辭所言：「能輕輕鬆鬆地減肥」那就無話可說，但令人擔心的是，想減肥的人會不會因而心理鬆懈下來，一碗接一碗地吃，反而吃得更多……。

◆年輕人很喜愛的「香味牙籤」

嘴巴裡叼著牙籤，正在剔掉塞在牙縫裡的食物殘渣的上班族——這是在辦公大樓聚集地區經常可以見到的景象。

這種牙籤，很容易被當作歐吉桑們才會使用的庸俗用具，雖給人有如此不良的印象，但許多年輕人也逐漸喜愛使用它。大阪的一家老牌製造廠商看準了這點，開發出各式各樣的新產品。

他們在牙籤的頭部著色，或開發出別緻的容器，除此之外，也開發了帶有香味的牙籤。有的是使肉桂、薄荷等香味滲透到木棒裡去，有的則是將檸檬、香瓜等香味的香丸放入裝牙籤的盒子裡，這些東西都普受歡迎，據說此家廠商的銷售額因而增加了兩倍。

他們原本就一直在持續研究，想要製造出容易插入橫切面呈等腰三角形的牙籤，由於此家廠商的關係，牙籤在社會上的地位似乎大有提昇。

◆為了消除貓咪精神上壓力的「好情緒的貓」

目前在世界各國，飼養寵物都極為盛行，從狗、貓、小鳥，甚至爬蟲類，各種寵物被人們飼養著，使人們的生活更富於變化，也帶來不少樂趣。

儘管如此，想要在都市之中飼養著實不易，如果是熱帶魚及爬蟲類，能養在水槽裡還不致有太大的問題。但狗及貓不是養在家裡就好，必須帶牠們到外面做適度的運動，不然的話，牠們也會和人類一樣因運動不足而罹患成人病。

因此，目前已出現一種據說對貓的運動不足極有助益的「好情緒的貓」。

這是在一公尺五〇公分的釣竿末端垂掛著和真的東西一模一樣的倣製品，例如：螃蟹、蝦、天竺鼠、魚型玩偶……等等。然後將它垂掛在貓咪的鼻子附近。貓咪玩了這些東西之後，便能大大地消除因運動不足而造成的情緒不佳。這種發明看起來似乎任何人都能製作，原理非常簡單，但真正能注意到這點的人，才不愧是專家。

◆將長筒靴倒吊而獲得科學技術廳長官的獎賞

當迷你裙大流行時，長筒靴似乎也跟著流行起來。長筒靴雖然最適合於冬天穿著以禦寒，但為了要找一個放它的地方，往往令人大傷腦筋。於是，有人發明了長筒靴鞋架。這是日本神奈川縣的五來史美子女士所發明的作品，十分實用。它所利用的方法很簡單，也就是將長筒靴倒過來吊在馬蹄型的鞋架上。以往，大部分的家庭都是用曬衣夾夾起來吊長筒靴。但現在將它倒吊，是完全相反的創意。如此一來，長筒靴便能保持原來的形狀，灰塵也不會掉入長筒靴裡。最初她是以手工替朋友製造的，但一傳十、十傳百的結果，訂單大增，於是發展為大量生產，為她創造了一番事業。

她的發明在一九七八年度的「發明展」中，獲得了科學技術廳長官的獎賞，廣受矚目。

◆對頭皮屑過多的人大有助益的「頭皮屑掃除機」

掉在西裝肩上的頭皮屑，用手去清除也很難完全清除，不少人都有這種煩惱。頭皮屑很多的A先生，每天也是為了清除頭皮屑而大傷腦筋。

有一天，他發現了利用電動掃除機將頭皮屑清除的方法，也就是用所謂的吸塵器吸走。但吸塵器太大了，吸力又太強。他環視四周一遍，看看是否有能輕易地吸走頭皮屑的用具。

他注意到了吹風機。吹風機有一個送出熱風的出口，另一頭則有吸入冷風的入口。吹風機便是從入口吸入冷風，然後以內部的馬達將它變成熱風，再送出熱風——這便是吹風機的原理。A先生便將自己的吹風機改良一番。他在入口處裝上了能阻斷灰塵的清潔器。這樣一來，風還是可以通過，但灰塵及頭皮屑本身就不會進入機器內部。

用這種「改良式吹風機」一吹，西裝上的頭皮屑及其他的雜物都迅速地被吸入機內。只要拿掉過濾器，就會變成原來的吹風機。這真可謂是一石二鳥的「發明」。

和吸塵器不同的一點，是吹風機可以攜帶，所以旅行時也能用。將這種吹風機稍加改良，也能製造出「桌上型橡皮屑掃除機」、「桌上型麵包屑掃除機」。

◆在家中舉行派對時很方便的「冰桶加水器」

喜歡喝酒的夥伴們聚集在一起開家庭派對時，出乎意料地麻煩的便是加水和換冰水。冰塊很快就會融化掉，而冰水又很快地變冷水。結果，派對的主人往往連自己喝酒的時間都沒有，得一直來來往往於客廳及廚房之間，奔忙不已，一次宴會下來，人也累個半死。

O女士想：「我不要這樣！」於是她開始想著不要一次可以做的事分兩次做的方法，於是嘗試將冰桶及水壺結合起來。

也就是說，將圓筒型的水壺放在冰桶下方，而在冰桶的底部開一個小洞。當冰塊融解時，冰水就會流進水壺裡。

她做出來時才發現，下面的水面一直夠冰，而且冰水的份量也比較多。

這樣一來，不僅讓她省了不少麻煩，也能好好地喝上一杯酒，不會再忙得不可開交。

而且，由於是將冰桶和水壺結合在一起，所以即使將它放在小小的桌子上也不佔地方。

有時，原本是「節省時間」這個很單純的想法，竟產生了意想不到的效果——這不就是發明的樂趣嗎？

◆一件便能當作三件穿的嬰兒服

在所有的衣服種類中，最不經濟的恐怕便是嬰兒用的長衣吧！由於使用許多蕾絲，價格並不便宜。而且，縱使父母捨得買給孩子，它能穿著的時間頂多不過幾個月而已。等到嬰兒能爬行時，長衣更會絆住腳，所以此時根本無法給嬰兒穿長衣。

年輕的母親K女士想，既然如此，不如從下擺的中央剪掉太長的部份，但仍必須將下擺縫起來，以備孩子長大時可以再穿。

這些都是很麻煩的作業。她想，既然如此就一開始便將下擺剪好，使長衣只要拿掉縫合的線就立刻變成上衣的形式，她加工了數次，終於做出了一件嬰兒服。

在身體的部分加工，使長衣成為只要將縫線拿掉就會分成兩部分的形式，上面的部分即成為上衣。而且，她也在肩膀的部分用縫衣機縫起來，使袖子可以活動，想拿掉就拿掉。

等到嬰兒的手臂變粗時，便將袖子拿掉，使長衣變成背心即可。

結果，她做出長衣→上衣→背心這樣三件式的嬰兒服，一件便抵三件用，十分經濟。

K女士將這個好點子賣給嬰兒服製造廠商，廠商立刻以三十萬的高價買下。

不要說「真無聊」，想一想能使用二次、三次的這個方法。「需要即發明之母」，至於「吝嗇」，至少也能成為發明的親戚。

◆對單身男性大有幫助的自動洗米機

只要按下開關便能煮飯的時代已經持續許久，然而，只有洗米這件事，自動電子鍋仍無法為我們代勞。如果洗得馬馬虎虎，做出來的飯就不會好吃。

自己很懶但對吃很講究的T先生，想讓電子鍋自己能洗米，於是發明了一種自動洗米機。攪拌的力量，是利用自來水從水龍頭沖下來的氣勢去攪拌米粒。內鍋則用雕了很多像研缽般的豎立槽溝。

將米和水放進去，米就會碰撞到槽溝，會開始旋轉起來，這樣一來，便能自動地洗好米，不必用手搓洗。

問題是，將水裝滿鍋子時，水會和米一起流出來。

有鑑於此，T先生便在鍋子的上部打開一個小洞，讓水流出來，但米不會流出來，這樣的構造便可解決問題。洗過米後，混濁的水很快地流出來，而乾淨的水則不斷地流到鍋子裡。

據說，這個創意被廠商以二十五萬元買下。這恐怕是單身的男性才會研究出來的東西，基於「實用」的目的，想出了便捷的用具，節省了不少時間。令人覺得水冰冷徹骨的冬天，家庭主婦也許會很歡迎這種自動洗米機。

T先生想，既然發明出這樣節省力氣及精力的洗米裝置，以後便可輕輕鬆鬆地洗米了，他對於自己的發明十分得意。

◆一起外出也能安心的防止孩子走失的裝置

走失孩子的牌子，以及其他為了防止孩子走失而設計的發明商品，有不少種。其中很可愛的便是二歲孩子的媽媽U女士的發明。

有一個連一秒鐘都靜不下來的兒子的U女士，為了能安心地和孩子一起外出，買了一般母親常用的「親子帶」。那是用一條帶子將母親的身體和孩子連接在一起。這樣一來，就不必擔心孩子突然跑出去撞到車子，孩子和母親的身體隨時都在一起。

但是，她在用這種帶子時，愈來愈有帶小狗出去散步的感覺。她開始想，有沒有其他的方法可以更自然地走路呢？結果她想出來的便是，在帶子上加了讓人抱著玩耍的玩具貓咪，小孩看了喜歡就緊緊抱著，不會隨便跑開母親的身旁。

也就是在塑膠製的玩具貓肚子上，裝上帶子，用這條帶子纏住孩子的手臂。貓咪的脖子也有一個環，繩子便從那個環穿出，這個環也像手環般纏住母親的手臂。

母親帶著孩子走，而貓咪則抱住了孩子的手臂，這種模樣十分可愛，形成一幅有趣的親子圖。

小貓咪抱住孩子的模樣，看來很逗趣，常引得旁人莞爾一笑。據說，她的孩子也很高興有這種裝置。

假如你對市面上衆多的發明商品，覺得不甚滿意的話，你自己再三研究的精神也很重要。也許，一項發明會產生新的發明呢？

◆不需要燃料的打火機

利用太陽能的實用品，現在又再度引起世人的矚目。不知這是否正反應了今日能源缺乏的現象？在這樣的情況下產生的，便是不用火而以太陽的熱度點火的打火機。

乍看之下，它的樣子好像女人用的粉盒，但打開蓋子時，裡面有一面凹面反映鏡，做成圓盤狀。將香菸插入盤子的正中央，且使太陽的光線聚集於凹面鏡，約三～四秒鐘，火就會點燃。這樣的東西，會令不少人想起小學時代所做的理科實驗。

當然，也可以把它當作普通的點火器用。

因為是使用太陽能，所以能源是完全免費的，在經濟上十分理想。但它也有缺點，那就是晚上及下雨天都無法使用。

想戒菸的人，如果使用了它，也許能收到意想不到的效果。

◆編織毛衣時毛線不會纏在一起的球型盒

在房間中毛線球任意散落在各處的情景，也頗富風情，予人遐思之情。但是，對於正在編織毛衣的本人來說，那是一件非常麻煩的事。打毛線時毛線球會滾動至各處，有時更會沾到地毯上的灰塵。於是，有人便將它放入紙袋放在腿上來打，但又會發出「沙、沙」的聲音，完全失去了那種風雅。

有鑑於此，職業婦女Y女士發明了能放入毛線球的透明球型盒。打開扣起來，就分成兩個半球。而要放進毛線球時，只要打開金屬扣即可，這樣就可以將毛線球放入半球中。在球型盒的中央，並打開了一個小洞，讓毛線能很順利地從洞出來。

如此一來，不但不會沾上灰塵，而且因為有了盒子的重量，毛線球再也不會滾動至各處，一方面能看見毛線球的情形，一方面能順利地打毛衣，所以實在十分輕鬆。

這是只要喜歡編織的人都會因而更喜歡編織的妙點子。

◆隨時隨地都能檢查自己儀容的隨身鏡子

到找不到櫥窗或鏡子的野外遊玩時，令人傷透腦筋的便是不能查看自己儀容的問題。例如，裙子的下擺是不是皺了？襯衫有沒有露出來，模樣變得很奇怪？……等等，都是令人擔心的問題。如果用化妝用的粉盒，也不能照出全身。

很喜歡打扮自己的女性M小姐，為了到野外也能好好地整理儀容，於是想出了可以照全身的「攜帶型等身大鏡」。她將幾面小鏡子像屏風般折疊起來，將它打開垂下就好像穿衣鏡一樣，能照出全身。她在鏡子上裝上繩子，使它能吊在樹枝上。

的確，這是令人覺得很不錯的創意，但是，當你用這種連接起來的鏡子檢查全身的儀容，那種模樣會好看到哪裡嗎？

◆使疲倦的頭腦變得清醒——以有突出物的帽子按摩

各位注意到「健康便鞋」這種東西了嗎？

那是在腳底的部分整面裝上了突起的圓點的鞋子，在穿它的期間，會一直刺激腳底，達到按摩的目的。我們人類的腳底，整個都散佈了通往胃、腸等身體內臟的穴道，所以穿上這種便鞋，便能促進健康——它就是如此便利的商品，又具實用性。

N女士即是從「健康便鞋」聯想到了有一粒粒突出物的帽子。人的頭部也和腳底一樣，有許多穴道。也就是說，只要壓到那些突出物，就有按摩的效果，頭腦就會變得清醒，對健康也有效。

因此，她在頭部會碰到穴道的部分，裝上了一粒粒的東西，做成碗狀的帽子。

戴著這種帽子用兩手按壓時，頭部所有的穴道都受到指壓了，會覺得異常舒暢——N夫人這樣說。雖然目前尚未產品化，不過，為了準備考試讀書讀得很累時，她自己便使用了這種帽子，效果相當不錯。

◆棉被爐只能四人使用實在太不方便了

日式的棉被爐是四角形的。由於只有四個邊，所以只能給四個人使用……如果你有這樣的想法，那就大錯特錯了。

因為，桌子不一定是四角的，也有圓形的，而且有更大的爐子的話，無論五個人、六個人也一樣能圍在一起取暖。

或者，只要像咖啡店的桌子一樣，使桌子只有中央的一隻腳，那麼圍爐的人的腳就不會碰到爐子。

S先生從咖啡店的桌子得到了啟示，而想出只有一隻腳的棉被爐。

他將電線改為鎳鉻合金線，裝了四～五個紅外線電燈泡。以往那種棉被爐，只有中央部分才有熱氣，但這樣一改良之後，圓桌下的每個角落都很暖和。

十個以上的朋友聚集在那樣的大棉被爐旁，一方面剝著橘子皮一方面看著電視……，這樣的情景似乎頗能期待。

◆下雨天也能輕輕鬆鬆騎自行車的裝置

下雨天騎自行車時，雨衣是必須品。從頭部穿上它的話，輪子轉動時，即使泥濘濺上來也不會弄髒衣服的下擺。但是，這樣真的沒問題了嗎？

例如，雨衣的下擺會纏住腳，不好踩自行車。或者，有時雨衣的下擺會開啟，衣服就會被弄髒。

不過，在雨衣的下擺兩側裝上三角形的布，使腳能自在地活動的雨衣問市了。它是以拉鍊將雨衣的下擺完全合起來，所以在踩腳踏車時不會任意開啟。

縱使雨從側面打過來時，只要有了這樣的裝備，便能輕輕鬆鬆地騎自行車了。而一向騎自行車上班的人，下雨天更不必向公司請假。

◆以往為何沒發覺到，真不可思議——將家裡的浴室改成三溫暖！

經常在廠商郵寄的型錄上，可以看見「大家庭也能享受三溫暖」之類的廣告，不過，三溫暖的設備價格昂貴，有的甚至要一〇萬元以上。

但如果稍微用點腦筋，也能在家庭的浴室內享受到類似三溫暖的樂趣。

舉例而言，在電視上演出時獲得極高評價的O先生的創意，便是一個很好的想法。

他打破了洗澡時需裸體進入浴室的固定觀念，而改穿用塑膠袋做的一種睡袋，這樣一來，進浴缸沒多久便會汗水淋漓……。

這看來似乎並沒有特別之處，但是，O先生一家人用這種方法洗澡，大量出汗之後又用冷水淋浴，效果和三溫暖非常接近，所以每個人都很健康。

也有人在浴室的浴缸加工，例如，K先生的創意便相當不錯。他在海棉製的蓋子背面貼上鋁箔，並打開能穿過脖子那麼大的洞。由於水蒸氣和鋁箔反射出來的熱氣，身體會流出大量的汗水。但因為脖子以上露出外面，所以不會有呼吸困難的情形。

這是任何人都能立即想到的創意，總之，就是為了想「洗三溫暖」的智慧。

◆防止開車的人被太陽曬傷的半衣

一到夏天，開車的往往只有右手臂會被太陽曬傷。如果是坐在駕駛席的旁邊，則左手臂也一定無法倖免。照進駕駛席的陽光，在大白天令人覺得皮膚像要烤焦了似地，非常炙熱。為了防止手臂被陽光「烤焦」了，出現了只有一隻袖子的長衣。那是住在豐島區的五十嵐茂子女士的發明。

這種服裝前後都一樣，所以，不管左右兩隻臂的任何一隻手臂要露出來都可以穿，這點便是她發明的關鍵所在。不僅是開車時，長時間的巴士旅行可派上用場。

請不要說：「只要穿長袖衣服，依照陽光的強度將袖子捲起或放下不就可以了？」畢竟這不是真正的解決之道，況且也不方便。

這個構想已被實用化，成為一件一千元左右的商品，在市場上頗受歡迎。

◆脫鞋時也能使用的三叉鞋拔

穿鞋子時，如果有了鞋拔任何人都不會覺得辛苦，但要脫鞋時，就很麻煩了。坐在玄關處彎下腰脫了老半天，真是煞費力氣。既然如此，不妨將自己的鞋拔改造成脫鞋時也能使用如何？抱持這樣想法的人，便是星期日發明學校的橫井先生。

開始時，他只是將鞋拔的末端做成雙叉，他用雕刻刀將鞋拔切割成兩個叉子，使它插入鞋子的旁隙時有更大的空間，便於將腳從鞋子拔出來。

然而，這樣一來使用並不方便，於是他再加了一個叉子，變成三叉式的鞋拔，結果，不管穿鞋或脫鞋都能很輕鬆地完成。

這個構想，被三輪樹脂的董事長看中了，據說買價高達二十萬！

談到發明，一般人很容易認為那是很浪費時間的一件事，但僅僅用一支雕刻刀，也能做成實用的東西，這完全要看每個人的用心與否了。

◆裝有鏡子的檯燈好明亮！

以鏡子照電氣的光時，會特別明亮。利用從鏡面反射出來的光亮看書，比在電燈下看書，眼睛會舒服許多，也不易疲倦。

注意到這點的發明家，即是中松義郎博士，開發出了附加鏡子的檯燈。

他在杯子般的燈罩底部放入燈泡，並在燈罩裡裝入圓形的鏡子。鏡子的表面是普通的平面鏡，裡面則是凹面鏡，而以裡面聚光，這樣就會像日光般發光。尤其是，能使夜晚的房間變得非常有氣氛。

它的名稱是「中松博士燈」，是以開發者的名字而命名的一個例子。在任何電器行都可看見在販賣這種檯燈。

◆向牆壁豎立也不會倒下去的傘架

覺得不方便時，便是發明的開始。一位住在葛飾區的家庭主婦瀨端芳子女士，在下雨天時因找不到豎立雨傘的地方而傷透腦筋，於是她靈機一動發明了「豎立雨傘的器具」。

她首先在傘的把柄上裝了四隻腳，而在傘柄的末端加裝螺旋狀的彈簧及鐵絲，然後實際向牆壁豎立看看。她也嘗試了改變腳的長度等各種改良，在不斷的試作中，她開始發現與其用四隻腳還不如用兩隻腳，後者更能保持傘的平衡。

問題是用什麽東西來固定傘把呢？就在苦思之際，她偶然看到了瓦斯爐用的橡膠管固定器，一下子便解決了問題。用了這種東西，不但能自由自在地豎立雨傘，打開或收起也非常便利。她就這樣以日常可見的普通素材，完成了加裝兩隻腳的橡膠管固定器。

有了這種器具之後，下雨天外出時，隨時都能將傘立起來去辦事，而將傘豎立後又倒下的不快感，也不會再發生了。據說，瀨端女士又有了新的構想。

她想進一步想出能讓傘腳立即伸出來的裝置，為了這個改良，她投注了許多心力，每天都很熱衷於研究、試作。

◆從玻璃珠子獲得啟示的按摩用手套

你有空時不妨用手握住九個玻璃珠子看看，握在手中好像揉什麼東西似地，此時你會發現：由於珠子會碰到位於手掌內的穴道，而覺得全身逐漸舒暢起來。

但是，只是覺得「心情愉快」，並不能發明出任何東西，此時，如果能想法進一步提昇為「商品」，才有可能成為「發明家」。

住在江戶川區的安藤菱子女士，在女兒的房間裡找到了十個左右的珠子。她拿在手裡把玩時，想到了「裝了玻璃珠子的按摩用手套」。她將珠子放在手掌平坦的部分，然後用一塊布覆蓋，將這塊棉布縫成手套型。

看來似乎是極為簡單的發明，但在製作的過程中，珠子的大小及數目都是很傷腦筋的問題，一再試作之後，也想到了「直徑七公厘的珠子五個」最為適當。

這個作品頗獲好評，開始有了訂單，一個偶然的想法，竟為她帶來一筆不少的財富，連她自己都覺得不可思議！

◆使用雙面砧板收藏時較方便——多功能砧板

有些砧板是有腳的。

那是為了讓它稍為離開流理台，以利作業。但是，如此墊高的砧板就無法兩面都利用。而且，蔬菜和肉類同在一面料理，不免令人心理產生排斥感。不過，在狹窄的廚房裡準備兩個砧板，又會很佔地方，影響到廚房的作業。

崎玉縣杉戶町的家庭主婦三好和江女士，想到了改良砧板的腳。她用盆栽用的稍微粗一點的鐵線，做成長方形的腳架，然後將它裝在木製砧板長的一邊，以及左右兩邊。她在固定器上下了一番工夫，使腳架能作一八〇度的旋轉。

這樣一來，砧板的另一面不是也能使用了嗎？

當然，她也進一步發現：兩隻腳會成為支撐物，將砧板豎立起來也不會倒下去。所以，如果將兩隻腳弄成水平的話，砧板就變完全平坦的平面，收藏時也輕鬆方便多了。

她一再改良這個作品，後來並參加婦人發明家協會所主辦的「原來如此展」。當時前往參觀的美智子妃殿下，一見到這個作品便誇讚不已。

◆能將濕透的手帕舒適地收藏起來的手帕袋

被水及汗弄濕的手帕該怎麽辦？尤其在炎熱的夏天裡，這件事對女性來說更是一個深刻的問題。雖然也有人將手帕裝入塑膠袋裡，但這樣一來，似乎是稍嫌麻煩了點。

隸屬於「婦人發明家協會」的橫山女士，想要製造一種專用的手帕袋，最簡單的是用塑膠為素材去製造，但僅僅如此並沒有趣味。因此，她用棉布作表面，而裡面則使用塑膠加工的布料。她向縫製工廠特別訂製了這種錢袋狀的長方形袋子，裡面剛好能放進二條手帕，構造雖很簡單，卻非常實用。

這種袋子看起來似乎並不是有特殊之處的創意，但據橫山女士說，她當時為了找到願意接受她特別訂製的袋子的工廠，找了幾個月之久。

這位橫山女士，在發明袋子當時是六十八歲。

我非常佩服她為了使創意商品化而表現出的熱忱。

她的努力終於有了成果，後來真的成為商品問市，在新宿的京王超市等處，銷售情形頗佳。

◆電線不會妨礙到工作的創意熨斗

使用熨斗時，出乎意料地常會妨礙到工作的便是很長的電線。而且，電線並不像冰箱之類的電器電線是固定不動的，所以在用熨斗熨衣服時，電線常會纏在一起，或是絆到手腳，非常不便。

另外，如果電線有很高溫的電流通過，又沒將纏住的電線弄好的話，更是危險。

專業洗衣店的情形，則是將熨斗吊在天花板上，以防電線纏在一起。

看到這種情形而想出新點子的，便是住在江東區的家庭主婦西野悅子女士。

她在熨斗的底部部分，裝了一個伸縮器，使電線能豎立起來。

而在電線的先端，便用帶子等固定在桌子、天花板等處。

這樣一來，在家中也能像專業的洗衣店那樣使用熨斗——她這樣想著。結果非常理想，她的發明廣被採用，愈來愈普及。

這種小小的裝置，除了熨斗之外，吸塵器、風扇、吹風機等電器也適用同樣的創意。

家庭用品不管如何改良，也不至於改良太多，而大衆都在等待更便利的物品，其實，只要用一點心，便能化腐朽為神奇，使我們的生活更有變化！

◆防止肥皂變濕濕黏黏的肥皂盒

肥皂盒如果不是很勤於清洗，很快地就會變得濕濕黏黏的。而想省掉在洗手間用肥皂不方便的麻煩的想法，便產生了這個發明。

也就是在肥皂盒的底部，貼上砂紙狀的布。如此一來，肥皂濕濕黏黏的部分就會被吸入布中，而這塊布能隨意地取下，也能拿來擦洗身體的污垢，因為此時布上已附著了很多肥皂成份，所以也能逐漸用於擦掉污垢。如此不但節省了清洗肥皂盒的麻煩，也能節省肥皂的開銷。

發明界的泰斗，N大學的某位工學博士想到，將木棒架在牆壁上，並在木棒的先端加了磁鐵而吊起肥皂。這個發明，便是完全推翻了「肥皂應放在肥皂盒」的固定觀念而產生的發明。

這個發明，使肥皂一直吊在半空中，因此不會變得很黏。

一打開洗手間的門，就看見肥皂吊在半空中，這種情形，倒有幾分像偵探片一樣。不過，據說這位教授因為這個妙點子賺了不少錢。

◆裸裎相見的「相親浴」非常受人歡迎

開張不久，有二〇間客房的某家飯店，業績一直處於赤字的狀態，虧損不小。

——是否能想辦法解決這個困境呢？琦玉縣秩父地方的秩父飯店，為此絞盡腦汁。談到秩序，便是以長瀞川的遊河及巡禮等聞名的觀光地，那一帶大約有三〇家旅館，但經營不善而虧損連連的旅館比比皆是，秩父飯店也是其中之一。

——如果增加料理的種類及數量，營業額的增加恐怕也是極有限的。「有沒有更嶄新的手法及令人驚訝的創意呢？」董事長經常這樣想。於是，他找了許多人來商量，此時出現的建議便是「相親浴」。

這個構想來自公共澡堂，通常男浴池和女浴池是以上鎖的門隔開，但在此不同的是，到了某一時間便將鎖打開，且只打開三〇分鐘，這樣男士們和小姐們便能一方面自然地見面，一方面和氣相處。這個構想十分有趣，所以董事長想不妨一試。他立即決定推行這個計劃，並花費了三一〇萬的工程費，全都是為了「相親」而設計的澡堂，是由檜木建造的，最後終於完成了。

◆任何都會變得溫馴的「粉紅色房間」有何秘密？

據說，將人放在通紅的房間裡，不出幾天此人一定會發瘋，美國的薩達克拉拉郡監獄，建議使用同色系的「粉紅色房間」，比較有助於犯人精神的安定。

也就是將整個房間的牆壁都塗成粉紅色，看起來像是文雅的少淑女們的閨房。據說，無論多麼狂暴的犯人，只要將他放在這種房間十五鐘，就會變得很溫馴。

提出這個發明的人，是色彩學家艾立克·西華斯。儘管如此，同樣的粉紅色，還是以明亮一點、讓人心情穩定的顏色效果最佳，但艾立克本身並未完全解釋清楚為何粉紅色最好？

自從一九八〇薩達克拉拉監獄設置「粉紅色房間」以來，聽到風聲的各地監獄、公司、學校，都紛紛引進這種設計，聽說效果都很不錯。

家中有兇暴的太太或孩子的你，不妨將家中塗成粉紅色如何？

◆樹木也可以作為天線

到處都看不見電視天線的地區，電視的影像卻很清楚……。也許有人會說：「哪有這種事？」但這絕不是唬人的。印度太空研究機構的人工衛星專家們，居然將庭院內的香蕉樹當作天線使用。

席克・布拉塞特・柯達先生將兩條天線導線安裝在不同的地方，然後將它的各處移動看看，最後將天線固定於影像最清楚的地方。

如果你為了映出的影像是否清晰而擔心，這種想法並不正確。柯達的電視雖是黑白的，而且他的天線和真正的天線差很多，但收視情形還是一樣良好。

據說不僅香蕉樹而已，只要是葉子較大的樹木，都可以收視。根據其他人的實驗，白楊木、尤加利樹、橡樹都可以收視，也許有一試的價值。

但如果是樹葉或莖雜錯排列的樹木，會使收視的訊息散亂掉，所以，畫面可能會變成很奇怪的一些形狀（俄亥俄州立大學無線通信觀測所約翰・克拉溫斯基先生的意見）。有鑑於此，真正做起來也許並不容易。

柯達向買不起天線的貧窮人家呼籲，不妨嘗試此方法，但是，買電視的錢恐怕比天線多得多吧！

◆從九官鳥獲得啟示的人工喉頭

因為能模倣人類的聲音而被大家所熟悉、喜愛的九官鳥，常帶給人們無限的樂趣。而反過來由人類模倣九官鳥的聲音而開發出來的產品，便是「人工喉頭」。

這是一種不太為人所知的裝置。如果患了喉頭癌而發聲機能受損時，用這種「人工喉頭」，便能發出聲音。

不過，比起聲帶的聲音，它無論如何是不很清晰的，尤其是母音「E」聽得不清楚。人工喉頭的頻率僅限於一〇〇～二五〇〇赫，是極低的原音頻率數，而且最高音也僅達到九〇～一一〇赫，因此，不易聽得清楚。

新開發的人工喉頭，是由大阪大學生命科學部的宮本健作教授所發明的，原音頻率數介於一〇〇～七五〇〇赫之間，最高音也達到一〇〇～二〇〇赫。這樣一來，母音便能聽得很清楚。

這次發明的啟示，乃來自模倣人的九官鳥的發聲器官，實在是十分有趣。人類的喉頭位於氣管上方，但九官鳥的發聲器官位於氣管的下方。原本是以橡皮膜作為音源，但後來改用燐銅箔，人工喉頭無論在構造、材料方面都參考了九官鳥，經過許多研究才製作出來。

也就是說，在發聲方面九官鳥也許比人類更勝一籌。

◆從冰釣獲得啟示的急速冷凍法

以業餘發明家的身份而獲得世界上最高專利金的發明是什麽呢?各位知道嗎?

那是使生鮮食品瞬間冷凍的「急速冷凍法」。開發此方法是美國一位名為「鳥的眼睛」的皮草商人，這是早在一九〇七就有的發明。他的興趣是釣魚，冬天他到加拿大去採購皮草時，一有空便會到已經凍結的湖泊享受冰釣的樂趣。在零下九十度的冬天，他將釣上來的魚放置在冰塊上，很快地魚便冰凍得硬綳綳地。有一天，他沒有將魚解凍立刻煮食，順手將魚帶回宿舍，放置在寒冷的戶外。幾天之後才將魚解凍來吃，結果魚仍很新鮮，味道非常好。於是，他想到如果能將新鮮的食品立即冷凍處理，便能使鮮度保持得很好。這便是開發食品急速冷凍處理的啟示。他立刻將此方法寫成資料，拿去申請專利。而看上這項專利的，正是世界最大的食品企業「將軍食品公司」。該公司居然以當時超過三十億元的專利金，向「鳥的眼睛」先生買下急速冷凍處理的專利。

◆從玩具狗得到啟示而發明的太空漫步救生索

各位大概都看過太空人走出太空船外正在漫步或作業的影片吧！他們是以「救生索」將身體或太空船連接起來，這樣便能在無重力的空間中自由自在地活動。負責開發這種「救生索」的人，是美國塞內拉・艾力克特里克公司的塞奧・馬頓工程師。為了開發救生索，必須有兩個附帶條件。需很牢固這點當然不用說，但它同時也必須不會阻礙太空人的行動，不致有束縛感才行。這種繩索應是柔軟而長度很長的，因為在太空廣大無邊的空間裡，不知何時會遇上何種狀態，所以在發生緊急事態時，才能迅速地將太空人拉回太空船裡。

這兩個條件彼此互為矛盾，那是因為，既要不阻礙太空人的行動，就必須使用柔軟而很長的繩索，但發生緊急狀況時，如果能很迅速地將太空人拉回太空船的繩索是柔軟而很長的話，勢必花費很長的時間，可能就因而延誤了救助太空人的時機。為了解決這個困難的問題，馬頓工程師的腦海忽然閃過了靈感，那就是幼小時玩過的玩具狗的繩子。他記得那種玩具狗繫著一條穿成一串珠子的繩子。另要拿著那條繩子，用力壓珠子，珠子就會排成一直線，而原本躺著的小狗狗，會立刻站起來。如果將繩子放鬆，珠子就會恢復原狀，小狗狗也會軟綿綿地倒下去。「能不能將這種繩子利用於救生索呢？」他內心想。

馬頓將珠子和承窩輪流地穿過一條繩子，這樣試著將兩種東西組合起來。發生緊急狀況時，太空人一拉這種繩索，就會立刻變成棒狀。而棒狀繩索另一端的太空船，拉起繩索也比拉柔軟的長索快得多了，而平常「救生索」是呈繩索狀，所以太空人的行動並不會受到束縛。

這種救生索被美國太空總署（ＮＡＳＡ）所採用，而對許多太空人的冒險行動發揮了極大的效用。

◆「分別用的紙帶」是日本人的點子

船隻出航時，由送行的人們拉出的紙帶，在送行者和被送行者的船隻間形成一條色彩繽紛的掛橋——這是全世界任何港口都看得見的特殊景色。

這種拉引「分別用紙帶」的儀式，實際上是由一位日本人所想出來的。一九一四年，為了紀念巴拿馬運行的通航，在舊金山舉行了萬國博覽會。很多日本企業都前往參展，其中有一位紙業業者提供了其所出品的紙帶參展。

可是，在萬國博覽會場的桌子堆積如山的紙帶，卻一條都賣不出去。聽到這個消息的紙業大亨，傷透了腦筋。當時正好在舊金山的森田庄吉先生於是決定幫他一個忙。

森田先生將那些紙帶拿到港口去，向那些準備坐船到國外去的旅客說：「我們用這些紙帶來做分別的握手禮吧！」這位森田先生的點子立刻傳開來，開始可看見人們利用這種紙帶惜別的情景。岸上的人和船上的人共同牽引著一條紙帶，愈來愈多不同顏色的紙條，形成一幅美麗而溫馨的畫面。

這家紙廠，不僅將庫存一掃而空，甚至擔心會供不應求。至於想出這個點子的森田，後來更以紙帶的生意為基礎，成為一位大企業家。

第三章
珍奇的發明如何讓它發揮效用

◆男性用的「預防性病的內褲」有用嗎？

「預防性病的內褲」！真的有這樣的東西嗎？真是令人懷疑。但的確有這樣的發明品。其構造是在內褲的中央開一個短短的圓筒狀的洞，而性器放入，這樣當作保險套來用。僅僅用保險套不是應該就可以充分預防性病，為何還要特地加上內褲呢？這點只要稍微想起太太做飯時穿上圍裙的模樣，便可窺知一、二。

發明這個東西的人，大概是認為保險套還不夠「保險」，還需進一步防止異性間嚴重的皮膚接觸吧！

不過，發明此「珍品」的竟是一位女性，說來夠諷刺吧！

◆早上不會濕成一片的「防止夢遺裝置」

這是所謂愛管閒事的發明之一。名稱叫做「防止夢遺裝置」。

它是日本大正時代的發明。在腰上繫上一條帶子，然後將性器放入裝在腰帶上的圓筒裡。睡覺時，圓筒的內側有像刺一般的突出物。夜晚當性器勃起時，性器便會被突出物刺到，覺得很痛苦。在洩精之前會醒過來。

還有一種是一九二七年所發明的。睡覺時將性器放入一個袋子裡，而這個像冰袋一般的東西，會適當地冷卻性器，所以性器會縮小。當稍微興奮起來而勃起，性器會碰到裝在袋子裡的電氣裝置而觸電。也有相同構造的裝置，不過勃起時陰莖會打開小型電熱器的開關，而使陰莖燙傷，人也因而驚醒。

相反地，將性器冷卻使它縮小的裝置，也在一八九三年由美國所發明。這也是將陰莖放入圓筒裡再睡覺的方法，只是在筒裡裝有橡膠管。當陰莖勃起時，橡膠管就會推開馬達的開關，而冷卻器也在此時開始啟動，送來冷空氣，使陰莖又再縮小。

另外還有更簡單的方法。那便是用橡皮或塑膠覆蓋在龜頭上，兩側繫上繩子，末端用曬衣架夾住陰毛。當陰莖膨大即將勃起時，陰毛會被拔起，使人痛得醒過來的裝置。這是一八八九年由美國發明的裝置。

這些裝置，看似很有用，但又似乎一無是處。

◆戴在身上便能獲得幸運的裝飾品

這個世界上不幸的人很多。想結婚但無法覓得良緣的男男女女，為了不正常的畸戀而苦惱不已的人，想要「解決」掉丈夫外遇對象的婦女，因事業失敗而露宿街頭的人……，凡此種種，不一而足，總之，不管世界變得如何，總有一群不幸的人怨嘆著自己的命運。這樣的人，不妨戴市面上銷售的幸運飾品如何？

首先會帶來幸運及勝利的是「鷹爪墜子」，這是用真正的鷹爪和銀加工而成的墜子，既稀罕又價值昂貴。因為，這種鷹目前是華盛頓公約明列禁止捕獵的動物。不過，如何去得到被禁止捕獵的鷹爪呢？這倒是一大機密。

能更簡單地獲得幸運的方法，是戴上一種墜子，只要戴上這種墜子，就會帶來幸運，它的質料有銀及金兩種，也許是金的墜子效果比較顯著，所以配戴的人也比較多。

有一位女性，她所服務的公司宣佈破產，自己又面臨父母離婚、失戀、轉業不成等多重的挫折，似乎所有的不幸一時之間都降臨她身上。但據說由於這種墜子，她獲得了一連串的幸運。

這些都是經常在雜誌上刊登的廣告，是不是騙人的呢？那就非得真正配戴不知道了。

◆只要輕輕一噴就會變成端正的臉孔

這個產品大概會很受男性們歡迎。現今的男性，似乎都很歡迎有一張端正、俊俏的臉孔。因此，市面上便應運而生了一種名為「俊臉」的產品。據說，只要用它輕輕噴一下，便能立刻擁有一張俊俏的臉孔。以此賣點而銷售的噴霧劑，特別是在就寢時最有效。因宿醉而腫脹起來的人，或因睡太多而腦筋昏沈沈的人，像這些人都可以用「俊臉」噴霧劑噴一下。夏天如果將它放在冰箱裡，使它冷卻一下，然後用它噴一下，保證會立刻清醒過來，人一神清氣爽，看起來自然美麗、可愛多了。

一噴便能成為「帥哥」，在上班之前稍微噴一下，效果絕佳。儘管如此，我想成為「帥哥」基礎的本來面貌也必須有某種程度的條件，總不能太醜吧！

但是，如果一噴就可以變得很好看的話，那麼是否也代表用它噴那地方也會立刻變硬呢？

◆吃了腦筋會變得聰明的「頭腦麵包」

這個世界上，真是充滿了許多不可思議的事物。吃了頭腦會變得聰明的「頭腦麵包」也是其中之一。這種麵包，看起來就像是未切片的吐司一樣，但形狀縮小了，而味道近似於黑麵包。為何稱它為「頭腦麵包」呢?在其包裝紙上有如下的解說：

「頭腦麵包即是用一〇〇公克中含有維生素B_1一七〇毫克以上的小麥粉，製作成頭腦粉，再做成麵包。小麥所含有的B_1會使頭腦清醒這點，是慶應大學教授林博士的學說。」

據說，這種麵包在金沢車站的販賣部等處都有銷售。關於其效果究竟如何，製造者紛紛說：「那就要看當事人的努力如何了。」

◆這樣便能舒舒服服地睡覺！——會抓跳蚤的床

家中蟑螂、跳蚤等害蟲的滋生，是家庭主婦頭痛的一大問題，可以說是消滅害蟲的「元祖」的發明，便是「會抓跳蚤的床」。

因為那是早在一九三三年時的發明，所以其原理並沒有什麼了不起之處。這是製造一個深約二〇公分和床鋪一樣大的箱子，而在其上部裝上網目很細的鐵絲網，底部則鋪上了捕蠅紙。

晚上睡覺時，裸露身體躺在「床」上即可。身體感覺癢的部位，即使在睡眠中也會伸手去抓，此時，跳蚤會被驚嚇到，紛紛掉下鐵絲網，黏在捕蠅紙上，就這樣一一將牠們捕獲。白天將它豎立起來，便能代替捕蠅紙使用——發明者強調說。

如此一來，就不會再癢了，而且因為床鋪是有網目的鐵絲網，所以夏天時應該會特別涼爽，能高枕無憂。但是，如果一整晚都躺在鐵絲網上的話，不是就成了「網目人」，背上印滿了格子狀的痕跡，這樣會不會反而覺得癢呢？

◆公鼠會逐漸殺傷母鼠的「老鼠滅絕大作戰」

迪斯耐樂園的米老鼠雖是一隻可愛的卡通動物，但家中的老鼠卻是人類永遠的敵人。消滅老鼠的方法有很多種，在此介紹二個珍奇的發明。

首先，是日本東京的阿部昇先生所想出來的「給老鼠繫上鈴鐺的裝置」。在裝置的入裝上食物當作誘餌，並在食物上用橡皮筋繫上鈴鐺，當老鼠想吃食物時，身體會被黏住，鈴鐺也會響了起來。

這樣便能確知老鼠究竟在哪裡，不過如何捕獲呢？這又是一個問題。美國也有類似的發明。另一個是德國的發明。

有一俗話是「老鼠會」，正如這句話所言，子孫繁殖非常急速。想要防止鼠害，首先應防止老鼠的生殖行為——我們很容易這樣想，而一九二六年德國即有一種革命性的發明，那就是斷絕老鼠的生殖行為，直到絕種為止。

它的名稱是「使用毒物使老鼠滅絕的裝置」。這樣說起來，似乎它是什麼不得了的東西，但其實只不過是在公鼠的下腹部裝上裡面有毒物的注器。當公鼠想有生殖行爲時，母鼠立刻就會被公鼠身上的毒物毒死，一命嗚呼哀哉。

此時，公鼠並不滿足，所以會再去找新的「伴侶」，如此一來，公鼠的「殺戮」就會一再重演下去，直到母鼠全都被毒死為止。

這對母鼠來說是一件很殘酷的事情，不過，這樣不是可以早日「昇天」嗎……。

◆已經無法跑了？請穿會發出吆喝聲的運動鞋！

有許多人基於健康的理由開始從事慢跑運動，但每次總是很不起勁，不到三天，便將運動鞋放入鞋箱的深處，不知何時才能「重見天日」……。

不過別擔心，你不用再為自己「三天曬魚兩天捕網」的怠惰而苦惱了。因為，現在的運動鞋已有裝了會發出吆喝聲的裝置。穿上它慢跑時，會發出「一、二，一、二」的吆喝聲，有如「私人啦啦隊」一般，為你助陣加油，鼓勵你再接再厲跑完全程。

這是一九七八公開的實用性發明，穿上它慢跑，可以清楚地聽見「一、二，一、二」。如此一來，即使獨自一人慢跑，也有如和九位夥伴一起跑一般，時間一久，便成為習慣永久持續下去。

◆三分鐘便能輕易地到另一個世界的「自殺輔助器」

發明原本是為了使生活變得更為舒適，但也有用來消除生活中的不如意，甚或結束自己的生命，「自殺輔助器」大概便是這樣的發明。

第一個發明這種裝置的人，是美國的病理學家傑克・庫基恩博士。其構造如下：

●用注射針刺進靜脈時，注入無害的「生理食鹽水」。
●打開裝置的開關時，麻醉睡眠劑便流入體內，會開始進入熟睡狀態。
●大約六〇秒鐘之後，開始注入足以致死劑量的「氯化鉀」，心臟即停止跳動。

——整個過程約三～四分鐘。真的是一想到便能立刻付諸實行的自殺方法……。

為了這種裝置，以美國為中心，曾引起了一場極大的爭論。這樣做的話，無疑像給想自殺的人手槍或刀子一般，這位博士也犯了幫助自殺罪……。

對於這樣的批判，博士主張說：

「我的目的是為了幫助末期癌症患者及愛滋病患者，從痛苦中解脫。因為，這種裝置的開關是由自殺者本人操作，所以不會構成犯罪問題。」

姑且不論這件事的是非善惡，一看見這種裝置，不禁令人感覺到：發明已到了這種地步，這莫非是人類世界的末期症狀！

◆啊，女人也能站著小便了！

不管怎麼說，現在已是「女性的時代」，但也只有「站著小便」這件事仍是男性的專利——你有沒有想過，這個固定觀念也許有一天會被瓦解，原來，已有人發明女性用的小便裝置，讓女人也能站著小便。

①「水田作業用自然排尿器」——將按在尿道口的部分用水管連接起來，而水管的末端從褲子的末端伸出。

②將石油幫浦般的伸縮性水槽，裝在裙子或女用褲子的側面打開洞的地方，將來自水管的尿液儲存下來，到一定量後便按下伸縮器，使尿液從水管排出。

③「儲存式內褲」——即所謂紙內褲式的東西，而且將吸收性良好的材質加在內褲上，以吸收尿液。

④打開前面的開口，然後將筒狀的器具按在尿道口，採用男性的姿勢小便。

第①種是為了種田的女性所設計出來的裝置，而排出的尿液便直接當作肥料，可以說是「一舉兩得」（這樣的話等於是站在肥料裡！）

②在海釣時而且周遭很多人時似乎非常方便。

③雖然很實用，但會不會令人覺得變成痴呆老人呢……。

④是在這些發明中，唯一由美國人所發明的裝置。雖然很單純，但的確不虧是美國人所想出來的東西。

◆從帽子裡有泡沫飄出，從衣服裡有燈發亮……

在戀愛的遊戲中，主動去找對象一定都是男性，而女性往往只能默默地等待而已——無論哪一個國家，大抵都是如此。

但是，或許是為了燃起熊熊愛苗的女性們，為了深愛某位男性而再也無法忍耐的女性們，有了這樣珍奇的發明。

一九一二年，有人發明了一種「泡沫帽」。當時，非常流行一種女性用的大帽子，這給了發明家靈感。

他們在帽子裡隱藏了一個裡面裝了肥皂水的容器，而且用橡皮管連接起來，再裝上內有壓縮瓦斯的小型瓶子。

當自己很喜歡的男性走過來時，便按下小型瓦斯瓶。此時，帽子裡就會飄出泡沫……。

另外一種，則是一九二二年由德國人所發明，同樣是向異性表白的絕佳工具。它是在襪子上裝上迷你電燈泡，當自己喜歡的男性走進時，便會讓電燈泡在衣服下面一閃一滅地。這種裝置的名稱是「觀賞男性用的裝了迷你電燈泡的女性用襪子」。據說，用粉紅色的燈罩，效果會更佳……。

是不是有任何男性被備有這些裝置的女性引誘過呢？這點還無從得知，不過如此做會不會反而讓男性覺得不舒服、不自在呢？

◆十分便利能防止酒醉開車的裝置

即使在喝酒之前心裡想著：「喝了酒我就不開車。」可是一旦喝了酒，膽量似乎也變大了，會一再告訴自己：「沒問題，沒問題。」結果就迷迷糊糊地握著方向盤開車上路。你是否曾有過這樣的經驗呢？

曾經酒醉開車的，不妨試一試使用中國的「防止酒醉開車的裝置」如何？

這是由傳感器、配線、集線器等組合在一起的裝置。如果坐在駕駛席的人喝了酒，傳感器就會立刻由其氣息感應到而切斷點了火的電路。

也就是說，即使想開車，引擎也不會發動。如此一來，絕對能防止酒醉開車的行為。正如其名稱，能事先預防酒醉開車的裝置。

不過，如果是敞篷車，喝酒者的氣息會飛散掉，也許就無法發揮作用了。

◆裝有自動爆炸裝置的希特勒式賓士車

美國的飯店大王伍爾夫・艾可爾斯達德是有名的汽車迷。在他衆多的收集品中，最特別的即是以前希特勒曾乘坐過的賓士車。

那是一九三九年製造的賓士七七〇K，而且是希特勒特地訂製的。

當然，車窗玻璃是厚五公分的防彈玻璃，車體並加有鉛板。全長五公尺，寬二公尺，重量卻高達五噸，從這點便可看出結構的周密。

但這樣的車子希特勒還是認為不夠安全。他除了上述的重裝備之外，又在車上裝上了炸彈，成為自動爆炸裝置。

能保護自己免於遭受敵人的襲擊，這應該已經足夠了，但為什麼還需要自動爆炸裝置呢？原來，希特勒認為與其被捕，還不如死去比較光榮。

將隱藏在保險桿的鑰匙插入一個秘密的地方時，車子就會立刻嚴重地毀損，人車兩亡……。

和「炸彈」一起坐在車上，豈不是令人心驚膽顫？

◆勃起時便能做自己想做的夢的享樂裝置

今晚能做什麼樣的夢，看見什麼樣的人？這完全要看「夢神」的情緒如何了。夢有美夢、也有惡夢。如果能每晚做個美夢，夢見自己想見的人，那該有多好——想出能滿足我們對夢境的夢想的人，便是長野祐忠先生。

在睡眠時，若聽見巡邏車的聲音，有時會做那樣的夢，夢中充滿了警笛聲。長野便是利用這個原理。

在那樣的狀態下，人處於「半睡半醒」的狀態（眼球轉動的狀態）。此時，如果能打開眼瞼，進入眼界的事物是否能在夢中重現呢？

因為已經知道睡眠時眼睛在轉動的那種狀態，男性的陰莖會勃起，所以，他將陰莖套上環，如此便能依照其變化知道勃起了。

開啟眼瞼的是貼在膠帶上的線。當陰莖勃起時，馬達就會發動，將眼瞼翻起。

另外，在眼瞼上還加裝了一個小小的暗箱，眼瞼一開啟的同時，內部的燈會亮起來，能看見裝在裡面的圖片或照片。

根據長野先生的實驗，的確能看見從那些圖片或照片發展而成的夢境。

如此一來，睡眠便成為快樂得不得了的一件事。快點睡吧！

◆以性命為賭注去吃全世界最辣的烤餅

辣的食物對健康並不好。尤其是高血壓患者及年紀稍長的，更需特別注意。如果不小心，說不定會因而喪命。儘管知道這點，卻偏偏喜歡吃辣的人，應該不少吧！

這世界上衆多喜歡吃辣的人，可能會食指大動的食物便是東京銀座淡平餐館的「特辣」（特別訂製的辣椒烤餅的簡稱），它可以說是超級辣的烤餅。其材料的三成是粳米，其餘的七成全都是辣椒，可以想有多麼辣。這種東西，與其說是烤餅，還不如說是辣椒本身。因為曾有一位職員和董事長舉行過「吃特辣大賽」，結果，那位職員因為實在受不了那股辣勁，被人用救護車送到醫院。另外，據說做這種烤餅的師傅只要手一碰到材料，就會難受得幾乎快要死去。賣給客人時，更要提醒他們注意：「不要吃得太快，慢慢來！」只要聽見這樣的話，就會令人想像到它有多麼辣，眼淚幾乎快要流出來……。

◆自稱「可治百病」而到處兜售人骨藥的男人

我們常聽說某某人因賣藥而賺了大錢，但一九八二年九月發生了一則駭人聽聞的新聞，令人聞之毛骨悚然。有一個人，竟將人骨磨粉偽裝成藥，到處兜售，有不少人都買了他的「藥」，此人最後終於在福岡縣被逮捕。

這位以違反藥事法的罪嫌被逮捕的男子，已是七四歲高齡的老人。他向火葬場的人買下火化後剩下的骨灰，從那些骨灰裡取出人骨並磨碎，像藥粉一般，然後用糯米紙包起來。他將自製的「藥粉」命名為「黑燒」，自稱對治療高血壓極有效，而三〇包「黑燒」裝入一大袋，一袋賣價高達一千五百元。服用這種藥的人，一旦知道真相之後，不知心裡有何感想？

◆舊日本軍所發明的「女性用特殊兵器」是什麼東西？

太平洋戰爭之際，曾有一種特殊的潛水艇名叫「回天乏術」，是日本海軍的特攻兵器。一九四二年，憲兵司令部命令陸軍醫學學校製造「女性用特殊兵器」。雖說是「兵器」，但卻不是用來對付敵人的兵器，而是女性用來自慰的……，原來它只是一個振動器。

當時，被徵兵參戰的軍人妻子或戰爭下的寡婦們所造成的外遇問題，成為很嚴重的社會問題。當局認為，這樣下去會影響到身在戰地的士兵的士氣，於是，基於防止女性的「招蜂引蝶」，鼓勵女性以自慰解決性需要的目的，便發出上述的命令，製造女性用的自慰用具。

結果，雖然做出了振動器狀的試驗品，但卻無法挨家挨戶去訪問那些男主人不在的家庭，勸導他的妻子使用這種「特殊兵器」，最後只好將之埋沒於倉庫裡。

◆在加州曾流行過的「自己動手打造棺材的材料」

在生前便預先造好自己墓地的人並不少，約距今一〇年前的一九八二年，美國的加州曾流行過在生前打造好自己專用棺木的風氣。

做法因人而異，有的人是每個星期親自動手打造，而也有人是向業者特別訂製，然後再親自打造，也有人是租用葬禮完畢後便需退還的超級豪華棺木，方式可謂千奇百怪，不一而足。

相信任何人都希望，自己死後到另一個世界所用的「交通工具」，是自己最喜歡的形狀、顏色、花樣，這點真不虧是個人主義非常發達的美國所想出來的發明，而很敏感地掌握到這個趨勢的弗伊亞羅斯公司，便因出售自己打造用的棺材材料，而獲得極佳的評價。據說，當時也有人利用星期天親自動手打造棺材，擺在自宅，以備真正需要的那一天。

◆扮演發明家的騙子優雅的一生

想以水為燃料讓車子發動的嘗試，現在已確實在進行，不過早在一千年前，就有人做這項實驗而獲得成功。那是足以推翻科學史的一件大事。

一八七二年，住在紐約第五街一位名叫J・吉利的男子，便集合了富有的夥伴，大家出錢出力一起進行了一項實驗。

他只要用一杯水，便能使車列從費城開到舊金山，他發表了研究成果之後，實際將水灌注到引擎裡，讓車子發動。

那些富有的人，看了驚嘆不已，為了作為預先投資而向吉利提供了一萬美元的資金，讓他開設研究所。但是，當他將資金用完了，便對研究狀況向投資者報告，並夾雜著一些深奧難懂的專門術語，進一步要求更多的資金。他一再利用這種手法，去詐騙金錢。直到他死亡的二十六年內，研究所連一毛錢的利益都沒有得到，只是一直仍繼續營運，以作為詐騙的幌子。

現在已經真相大白，吉利的發明根本是騙人的招術，他不過是一個超級大騙子罷了。不過，他居然能只以「水」為本錢，騙走了一輩子吃喝玩樂都不愁的錢財，這點倒是令人佩服三分。

◆在患部塗抹某種面霜便能消除令人擔心的黑斑

對女性而言，保養肌膚是非常重要的一件事。只要過了二十五歲的「分界點」之後，就會在肌膚各處出現黑斑及其他斑點。

因此，女性都會塗抹各式各樣的化妝品，例如，面霜等等，想使肌膚的年齡維持年輕，不致迅速地老化。不過，在此要介紹給各位女性朋友的是膠狀化妝水。它和市面上販售的衆多化妝品中大不相同，因為，它能將臉部以外令人擔心的部位的黑斑消除掉。

根據說明書，有以下幾項特色：

●黑色素過多，擔心會有色素沈澱的人。

●臉上有黑斑、雀斑的人。

●因紫外線造成的肌膚問題。

有以上等問題的人，只要塗抹了這種面霜，就會使肌膚變為具有透明感的粉紅色，它的名稱便叫做「粉紅色處女」。

除了臉部、胸部之外，另外一個「令人擔心的部位」的效能如何，說明書上雖沒有明確地記載，不過因為它能消除掉胸部以外全身的黑斑，所以應可推測得知。

因為外出郊遊而全身都曬得很黑的妳，也許能利用這種面霜使自己變成很好看的「粉紅色處女」。

◆能和錄影帶女星交歡的「畫面反應型自慰機」

由於AV機器的發達，現在在室內也能有宛如自己是飛機駕駛員的氣氛，能享受到賽車選手風馳電掣的那種感覺。這種「模擬體驗」，使人們嘗試各種體驗，豐富了生活。而將AV機器和AV合為一體用來自慰的發明品，也在這股風潮下應運而生了。

那便是能和錄影帶中的女人交歡的「畫面反應型自慰機」。

其原理是，將調節器接上錄音機的音聲端子，由於I・C（積體電路）的功能，會有女人的喘息聲立即反應出來，而自慰機也隨之動起來，會再現做愛時的那種微妙感觸。

反應完全視音聲的強弱而定，所以即使不使用成人影片也可以。然而，如果不用成人影片又要用什麼呢？難道會有人一面看相撲比賽的影片，一面享受自慰的快樂嗎？

◆元旦膜拜能在家中進行的個人神社

從除夕到元旦這段期間，到神社去做「新年膜拜」是日本人自古以來即有的習俗。但是，有名的神社每年都會有人山人海的參拜者湧向那裡，擠得不得了，尤其是下雪或下雨，那情況就更糟了。

因此，有人便動腦筋賣起在自己家中也能做元旦膜拜的「個人神社」。也就是說，他是買了個人專用的神社。

這套神社的內容，非常輕巧，也能放進書架裡，在簡便的迷你神社及一套「零件」中，含有你本身的「信仰對象」，一種精神象徵。還有用了許多插圖容易看得懂的手冊，只要按照你看到的去組合去做即可的「錄影帶」（四捲），為了加強你對宗教的理解，更進一步完成你的願望的「祝詞集」，實習教義的靈的指導，以及守護你的「神符」，便於攜帶的「護身卡」。內容實在相當豐富、豪華，整套只需一萬八千元。

如果因此獲得神的庇護，不是很經濟嗎？

◆凡事都使用卡片的時代下產生的「護身卡」

這個世界正是一個「卡片時代」。似乎凡事都可以使用卡片。電話卡及信用卡當然不用說，連卡片型的計算機及原子筆都使用卡片，這點倒是非常新鮮。

在這樣一個凡事都使用卡片的時代，出現了一種完全符合潮流趨勢的「護身卡」。那是京都市下京區的「市比賣神社」所出售的「幸福卡」。

長約六公分，寬約八公分的塑膠製護身符，放在裡面的紙正面寫著「守護女人」而背面則寫有「HAPPY CARD」的字樣，下面加上攜帶者的名字，然後將它密封加工。據說，只要隨身帶著這種卡片，不論是健康、消災除厄、戀愛、覓得良緣、學業、考試、幸運的機會、長壽、得子、順利生產……等等，一切事情都能如願以償，幾乎是有求必應。

原本這座「市比賣神社」，是專供奉女神，所以是以「守護女人」而聞名的神社，也因此有不少年輕的女性前往參拜，希望有更別緻的護身符，大家的願望十分強烈，為了滿足大眾的要求，「市比賣神社」於是便設計了「幸福卡」，後來被許多人用於情人節收到禮物時的回禮。另外，在入學、慶祝就職方面也非常受人觀迎。

◆日本陸軍所發明的測量某種東西的器械

它究竟用於何種用途呢？

第二次世界大戰之際，日本陸軍如果負傷了，便依照受傷的程度，支付將領或兵隊臨時津貼。而男性性器受傷時，當然也成為支付津貼的對象。

診斷受傷輕重程度的是軍醫。但只有一個問題常使診斷發生困難。那便是陽萎。軍醫如果只從外面觀察，也無法判定是否真有陽萎，因此，當時為了得到那筆額外津貼而故意申報「陽萎」的人不少。陸軍當局為了這個問題，簡直傷透腦筋，便發明了判定陽萎的「測定器」。

這種器機，以今日的眼光來看，似乎是相當於「成人玩具」的代替品。形狀、顏色當然不用說，連柔軟度、溫度、濕度都和女性性器如出一轍。而一打開開關時，甚至會和性交時一樣動起來。

這種「陽萎測定器」，曾在當時的東京第一陸軍醫院實際實用過，但這種專為測定陽萎而設計的極秘密武器，性能並不如期待中的好，後來便停止使用。

◆在缺乏金屬的大戰末期所發明的陶瓷貨幣

第二次世界大戰末期，物資非常缺乏，尤其金屬類的缺乏特別嚴重，刀劍當然不用說，連寺廟的鐘及家庭的鍋子都被迫捐獻出來，以便用這些東西去製造武器。因為處於這種緊張的狀況之下，所以當時很容易便能預測到用於鑄造貨幣的金屬遲早也會嚴重缺乏。有鑑於此，大藏省的造幣局看上陶瓷，想利用它當作低額貨幣的代替材料。

造幣局很快地開始進行研究，終於在一九四五年三月成功地製造出「陶瓷」貨幣。

造幣局向瀨戶及有田等產地定購了陶瓷製的一角硬幣，並用來打造。但是，八月的終戰之後，這些多達一千五百萬枚的「陶瓷貨幣」已無用武之地，結果全被廢棄掉。不過，這種貨幣即便已經流通了，可能也只會使經濟更加紊亂吧！

◆會出現蟑螂嚇人的咖啡杯

縱使很客氣地說，這種東西也稱不上是很實用的，不過它是先讓人受驚嚇再讓人大笑的作品，頗具幽默感。

它是在普通咖啡杯用的碟子上，烙上逼真的蟑螂圖樣，不但大小完全一樣，模樣更是栩栩如生，維妙維肖，不仔細看還看不出來呢！還有黑而發亮的翅膀及長長的觸鬚，有如要撲向人一般，令人非常不舒服。

接下咖啡杯的人，拿起咖啡杯想喝下的那一刹那，會驚嚇地大叫：「啊！」這是只要繪畫功力不錯，任何人都能立刻去如法炮製的發明，非常富於創意。不過，如果捉弄不懂幽默感的人，也許對方會馬上和你絕交，這點倒需注意一下。

◆邊睡邊輕易地死去的自殺用斷頭台

如果能死得好像睡著似地，那麼自殺的志願者不知會增加多少。事實上，有一本聽起來非常可怕名為《親愛的死亡之日》的書，便介紹了許多能很容易達到自殺目的的方法。其中之一，便是「自殺用斷頭台」，它是在距離頸部大約一公尺的地方，吊著斷頭用的斧頭，而志願自殺的人便在其下方爬行。鼻子的尖端，則放著一個裝了三氯甲烷的小瓶子。聞著它的氣味，就會逐漸入睡。

當志願自殺的人正在熟睡之際，斧頭便一點點地降下，而吊著斧頭的繩子和滑車連在一起，滑車則用約一壺澆花器的重量支撐著。澆花器上開著小小的洞，當水漏出來而變輕時，斧頭會頓失其支撐的力量，一下子掉到志願自殺者的頸部——其構造大致如此。

這樣的方法，不僅在睡眠之中死去，也可以不借助他人之力達到死亡的目的。也就是說，不需使任何人成為殺人兇手。

姑且不論這種裝置的善與惡，這種發明看起來有如夢幻一般，但實際上卻有其實用性。也許，確實已有人用過這樣的發明吧……。

◆稍嫌怪異的三角形壽司捲製器

談到捲壽司的器具，一般應該都是圓筒形，但如果用這和新發明的捲製器去做壽司的話，便能做出三角形的壽司，那是將小片生魚片飯捲在一起的怪異三角柱。

將紫菜鋪在器具上面，然後將生魚片放進去，在蓋子上面細長的條溝放進炒蛋或黃瓜等材料，接著將這些材料捲緊，用蓋子用力壓，材料就會自動進入器具裡，成為三角形的形狀。

這可以說是一種變形的製作生魚片飯的器具，用這種器具去取代若不用竹簾子便無法做出來的器具，這也是它與衆不同的地方。不過，形狀變形成為三角形，會令人有不像生魚片飯的感覺，而且捲製生魚片飯的感覺也會變得比較淡薄，失去原有的感覺……。

儘管如此，這種三角形壽司捲製器在一九八四年出售之後，已賣出三萬個之多，不知是否由於它反映了潮流的關係，美國及加拿大也都前來訂購，前景倒是頗為看好。

第四章

極具實用性的珍奇發明

◆下雨天也可從事門球運動的「門球」

住在函館市的岡田一雄先生，是一位非常熱心的門球迷。他自從從公司退休之後，便開始沈迷於門球運動，並一一取得實際技術指導員及公認裁判的資格。每到星期日，他通常在學校的社團指導學生，或親自上場打球享受其中的樂趣。當然如果是下雨天，他也會借體育館來打球，但是，在體育館打球門球會過度滾動，很傷腦筋。

假使在土地上打球，由於地面凹凸不平的關係，球會受到阻力比較不會滾動，但若是在體育館的地面上打球，球往往一直滾動很遠的地方，無法控制。岡田心裡想：「能不能解決這種門球過度滾動的問題呢？」

有一天他到銀行去，發現一種底部舖著塑膠製針插的盤子。

「啊！就是這個！把這種塑膠製的針插裝在球上的話……。」

也就是說，他想到使門球的表面也產生這樣的凹凸不平，使它能「及時刹車」。於是他便將針插貼在球上，試著去打球看看。但是，當他用手用力打球時，針插上的「針」剝落了，因此，他在門球成型加工之際，便使球的表面本身形成突起狀。

這樣便完成了室內打球用的「門球」。岡田據說由於這次發明的專利費，荷包意外地多了七十萬元。

◆能很輕易練習的「高爾夫打擊練習機」

即使不到練習打高爾夫的地方去，也能在自宅的庭院練習高爾夫的技巧，那不知該有多便利——有這樣想的人應該不在少數吧！因此，有人已經設計各式各樣的練習機。首先是在中央放球的檯架上裝上繩子，然後重複打球的循環練習機。雖然這是個很簡單的發明，但卻廣受歡迎，成為極為暢銷的商品。和這種機器有相同想法的發明稱為「循環高爾夫」。

也就是製作一個讓人能站著打球的廣大圓盤，而在圓盤的中央裝上高高的木棒，從根棒子伸出能自由旋轉的繩子，在其尖端裝著高爾夫球。圓盤上並有刻度一至二〇的圓周。將球放在一至二〇的境界線上，然後用力地打球。此時，球會一方面旋轉一方面伸出球棒上去，如果旋轉八周，便表示已經打了十六碼。

美國也發明了一種練習機，這是在頭上綁上抗議用布條般的布條，從額頭伸出棒子，而尖端則吊著球，這樣便可打球了。但這種練習機在打球時繩子會纏住頸部，所以銷路並不好。

其他還有稱為「練習用高爾夫球」的球。這是給球裝上「降落傘」，當用力打球時，降落傘便立刻張開，而且會飛到二、三〇公尺之遠的地方。如此一來，即使在狹小的地方也能練習打高爾夫。

諸如此類，關於高爾夫的發明還真不少，目前還有許多新案正在申請專利之中。

◆對抽菸區帶來一大福音的發明

對於不抽菸的人而言，最討厭的莫過於菸味了。而抽菸的人也因為會產生菸味，所以在不抽菸的地方儘量克制自己的菸癮，即使抽一口也不敢。在辦公室裡，香菸及菸味更是受到女性的厭惡。因此，戒菸者增加了，而現在可以說是一個抽菸者抬不起頭的世界。

日本的一家公司開發出一種「能消除菸味的桌子」，也就是在桌子下面隱藏著電動吸塵器及脫臭過濾器，而且在桌子的四隻腳下造成龍捲風般的氣流，這樣一一將香菸的菸吸入桌子下面，由過濾器先使它脫臭。如此一來，香菸及菸味就不會被周遭的人所討厭。

對於那些明知對健康不好卻無論如何無法戒菸的人，我想最佳的選擇便是日本蜆殼石油公司所發售的「戒菸盒」。這其實是一種裝在菸盒裡的維他命劑。每抽一根菸便吃下維他命劑，能補充由於抽菸所喪失的維生素C及維生素B。

不過，最近美國也出售一種名為「死亡」的香菸，其名稱十分簡單明瞭，顧名思義，一抽菸便令人聯想到死亡，所以最好還是不要抽菸。

◆睡不好覺的人的最佳幫手居然是檜木！

有人一就寢便能立刻睡得很熟，也有人過了一小時也睡不著，非常不易入眠。很難入眠的那種痛苦，是很快能入眠的人無論如何體會不到的，也無法說明。而且，即使平日都能睡得很好的人，如果偶爾為了某件事而興奮不已時，也會睡不著，也會很痛苦。此時，「檜木枕」就可派上用場了。

這是由「山野樂器」所出售的產品，也就是在枕頭裡裝入一粒粒的檜木屑。

而這一粒粒的東西會刺激頸部及頭部，能收到指壓的效果，更能抑制鼾聲，以及神經的亢奮，如此一來，便能舒舒服服地睡覺了，不易入眠的人，不妨試試看。

◆能將字寫得很好看的筆桿

能將字寫得很好看的「容易寫」筆桿

如果是年輕女孩寫得圓圓的字體，看起來倒稱得上「可愛」，但字還是寫得美觀才好。雖然很想寫出好看的字，但總是很難矯正寫字習慣寫不出好看的字的人，這兒有一種商品能很輕易地矯正寫字有特別習慣的人，那便是世界計劃公司所生產的「容易寫」。

它的構造，是在筆和皮膚接觸的地方裝上一個超軟橡膠套，做成套子一般的東西，而筆只要使用自己的筆即可。如此便能正確地用筆寫出漂亮的字。

而且，由於筆壓減少了，長時間使用手指並不會疼痛，肩膀也不會僵硬。不過，縱使能正確地握筆，也不一定能寫出漂亮的字，所以，效果究竟如何得要自己使用看看了。

◆將廚餘變成有機肥料的方法

由飯店及餐廳的廚房所產生的廚餘，不但佔地方，而且又髒又臭，處理費也不少，更需顧慮到附近居民的反應，這些都是非常頭痛的問題。東京某公司看準了這點，開發出一種名為「GMM—750」的裝置。它能使業務所產生的廚餘先自動脫水，然後變成有機肥料，並和不銹鋼製的流理台合為一體，使用起來既方便又清潔。

用法是將廚餘和水一起從投入口沖走，然後在「粉碎室」裡，粉碎得很細，再用分離脫水裝置將它分離為水和廚餘兩部分，此時，原本的廚餘量會減為三分之一到十分之一，用脫臭劑抑制其臭味，而水質淨化液也減少了油分的成分。另外，這種裝置兼具了過濾專用的清潔及洗淨等功能，為了將作業者的負擔減至最小限度，它是完全自動控制的。

◆用海帶製造的擴聲機的膜

海帶不僅可用於做湯，也能製造紙張——這並不是什麼天方夜譚，日本工業技術院四國工業試驗所便成功地開發出用海帶製紙的技術。

開發的關鍵在於：「四國是製紙產業非常興盛的地方，因為，四國也是一個四周被海所環繞的地方，所以不妨利用豐富的海洋資源來製紙如何？」有人這麼想。

先用螃蟹及蝦子的殼做實驗，但未成功。接著想到的材料便是海帶。海帶具有製紙時所必要的纖維素，能比較簡單地抽取出來。這樣做出來的便是「海帶紙」。

關於其利用法，電機界業者都說，它最適合用來作為擴聲機的膜。通常，擴聲機的膜是紙製的，但常會發出沙沙的摩擦聲。如果使用「海帶紙」，摩擦聲及震動聲會大為減輕。除此之外，它也有抗癌作用及止血作用，不但能打開醫學用方面的領域，也能食用，用途實在非常廣泛。

◆給性行為造成極大改變的女性用保險套問市了！

前一陣子，在預防愛滋病活動的海報上，因使用了女性被套在保險套裡的圖樣，而引起抗議的聲浪，也引發了不少問題。

本來，保險套一直是由男性戴用的，但在美國，已經開發出女性用保險套。其形狀如同一個大袋子一般，在性交之前由女性戴上這種保險套，而男性只需將陰莖插入橡皮製的袋子裡即可。這樣一來，便能預防愛滋病及梅毒、淋病等性病。同時，也能由女性掌握性交的主導權。因為，過去男性用的保險套要戴或不戴，都是由男性決定，完全視男性的意思而定，縱使女性希望男性戴上，但，如果男性拒絕的話，通常的情形還是只好聽從居多。

現在有了女性用的保險套，情形便完全扭轉改變了。性交時，要戴或不戴的主導權掌握在女性的手中。而且，在性交時女性也較能產生優越感，性交一改而為女性佔優勢的互動關係。

想出這個點子的發明者，是一位患有心臟病的女醫師。據說，她和丈夫兩人親自實驗之後才開發出產品。令人懷疑的是，這種女性用的保險套究竟會不會和男性用的保險套一樣，大大地流行呢？

◆怕冷的人的一大福音——以呼吸加熱的足溫器

過去沒有電毯也沒有電暖爐的時代，腳底很容易冷冰冰的人，在冬天很寒冷的天氣裡，應該會比別人覺得更冷。而此時人們便想出各式各樣的東西，來保持腳部的溫暖。一八七七年，美國人發明了根本不需消耗任何能源卻能使腳部保持溫暖的機器。

發明這種機器的人，是威廉・迪爾，史達卡先生。機器的構造其實十分簡單，也就是利用從嘴裡吐出的氣，經由兩條長管子吹向右腳和左腳。晚上就寢前，將它固定在頸部，睡眠時的呼吸會逐漸使腳部溫暖起來，但是，將這樣麻煩的裝置綁在頸部鑽進被窩裡，我想恐怕整晚都會睡不著吧！

◆不需殺害而能驅除老鼠的方法

老鼠也是活生生的生物，想把牠們除掉卻又覺得太可憐的人，不妨用田邊製藥公司所生產的老鼠驅除藥「奈良抗生素」。

因為這種藥含有驅除效果稱為「西克羅基密德」的黴菌，所以只要放置這種藥在老鼠出沒的地方，老鼠便不敢靠近。

這種藥是由奈良縣的橿原神宮周邊的土壤製造、生產，所以也成為藥品名稱「奈良抗生素」的由來。

「奈良抗生素」實際上早在二〇年前便已開發出來了，不過到最近，其存在又重新受到人們的重視。那是因為，這件事和電子時代的來臨有著極大的關聯，現代如果沒有電子機械，社會活動的機能便會產生障礙。

可是，電子機械對於老鼠實在是一點辦法都沒有，完全不是牠們的對手。例如，銀行A

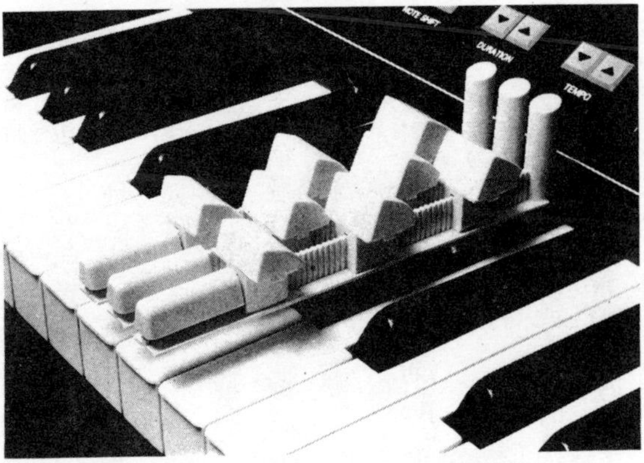

超高科技鋼琴「RAPIAN」

TM的故障，以及佈滿於大樓地下室的電纜的斷線，都是由於老鼠造成的，老鼠經常成為事件的元凶！

因此，田邊製藥將以前已經開發的老鼠驅除藥再加以改良，成功地將「奈艮抗生素」改成小膠囊，使它能捲入電線的外殼及塗料上，結果，發揮了不錯的效果，一下子便引起世人的注意，成為大受歡迎的商品。

◆完全改變鍵盤排列法的超高科技鋼琴

在演奏鋼琴時，比較難彈的即是八音以上的和音，或有半音、移調等演奏。而能簡單地完成這些彈奏的，便是將鋼琴的鍵盤重新排列的「超高科技鋼琴」。

這種鋼琴，是將鍵盤的排列分為五層，而各鍵橫向並排的每個音全都是全音，而斜向的那一排則全都是半音的音程。

如此一來，即使是手小的人也能配合自己本身手掌的大小，輕輕鬆鬆地彈奏出和音。移調時，也只需將手指平行移動即可。

因為它是根據人體工學來排列鍵盤，所以任何人都能做高科技的彈奏法，也許因而開拓出新的彈奏法。

在一九八八年的國際發明博覽會上，這種鋼琴受到極大的矚目。發明者是當時的東京音樂大學生武藤齊平先生。據說，這種鋼琴比以往更容易彈奏，也許它會成為鋼琴六百年歷史上劃時代的發明也不一定呢！

◆附帶音樂的廁所更有情調！

有人一進入廁所裡，心情就會穩定下來。這種類型的人，多半是喜歡在廁所裡做長時間的思考，讓自己沈醉於安靜的氣氛。或是，經常將報紙及書籍帶進去，一面閱讀一面方便。但是，對沒有這些習慣的人來說，廁所則是一個無聊至極的地方，自古以來即有人試著想出各式各樣有趣的方法，使上廁所成為生活中的一大樂趣。

一九一二年，英國人發明了一種廁所用衛生紙，只要一拉紙便會有音樂開始響起，並曾獲得專利。而在其一〇餘年之後，德國人更發明了一坐上去便會有音樂響起的便器。這兩種發明，都是為了使小孩從小便對便器產生好感，培養他們排泄的習慣而想出來的。

廁所是我們日常生活中很重要的一個空間，因此不妨在這方面多下一點工夫，使上廁所成為一種樂趣。例如：在廁所裡裝置音響設備、電視、電話，使它成為客廳的模樣。或者，也可以擺幾盆盆栽，使它看來有如小型溫室植物園一般，這樣變化各種樣子，都很有趣，就看你是否肯花一點心思了。

◆予人危險感的家庭用小型焚化爐「龐貝」

日本千葉縣的松戶市，是以很熱心於垃圾對策而聞名的地方自治體。松戶市近年來由於住宅土地的開發，人口急增。隨著人口的急增，垃圾量也大幅增加，速度驚人。市政府一直為了苦思對策而大傷腦筋。此時，應運而生了家庭用的小型焚化爐——「龐貝」。「龐貝」的原理，是利用瓦斯爐所產生的廢物而製造出來的，松戶市的目標是利用它使每個家庭裡的垃圾變成灰燼，以減少垃圾量。

但有人說，這種焚化爐危險，並不理想。聽到「龐貝」時，會令人聯想到龐貝城在火山爆發時被掩埋的情景，這便是持反對意見的人所主張的理由。提起義大利的龐貝城，是從前一個因火山爆發而整個城市都被火山灰埋沒的城市。因此，如果命名為「龐貝」的話，就好像焚化爐會爆炸掉，人會被埋沒一樣，予人危險的印象。不過根據業者們的說法，那不過是因為以瓦斯爐的廢物為材料去製造，所以才有「龐貝」之名。但不知今後的銷路如何？

◆再也不會臭薰薰了——裝置臭氧脫臭劑的便座

無論用多強力的廚所除臭劑，氣味還是會殘留著。說得更清楚一點：臭味必須從根本的地方去消除才行。

和以往日的除臭方法在基本上有所不同的除臭方法，即是TOTO公司的「Warmlet GⅡ」。

其特點在於，根本就不使用一切的除臭劑，而是在便座上裝上就座感應器。人一坐上去，立刻便從後面吸取臭味。經由產生臭氧的觸媒，將臭味的成分分解掉。

之後，側面還有抽風扇，將此分解的成分排出去。

從它的名稱看來，它也具有暖房的功能，這是將「臭味」和「臀部涼涼的」兩大缺點克服掉，非常優異的裝置。但也許有人會覺得不習慣：「什麽？把這種怪物擺在廁所裡，太可怕了吧！」

◆啊真不可思議，用紫外線一照顏色就變的塗料

白天看時只不過是白色，但夜晚竟會變成紅色或藍色——這種獨特的塗料已出現了。

這是由一家名為「西羅比」的公司所開發出來的商品，而商品名稱是「Lumi light color」。

這種塗料的主要成分，是讓氧化亞鉛等金屬氧化物的周圍附著釔、鍺的金屬結晶體。

其原理相當深奧，所以在此暫且不論。當白天普通的燈光照著時，它呈現的顏色是白色，但到了夜晚，用紫外線一照它又變成紅色或藍色。

目前，有許多人想將它應用於店鋪的廣告招牌及內部裝潢，不過，看來它也能成為個人住宅別緻的設計。

白天和夜晚的氣氛完全不同，頗能享受富於變化的生活，不失為一大樂事。

◆廁所的乾燥紙是啥東西？

雖然「臀部洗淨器」、「防臭劑」等產品已經使廁所的設備日益進步了，但為何人們不太在衛生紙方面下工夫呢？

曾發明過「美顏器」的日本螺旋槳工業公司的山本增男董事長，便想出了一種名為「乾燥紙」的新式衛生紙。這是在一般的衛生紙上塗上一層薄薄的粉末，由於粉末會吸收水分，所以臀部會覺得特別乾爽，沒有不適感。

雖然很想立刻用用看，但很遺憾的是，目前它尚未商品化，無法使用到。

理由是：「如果粉末超過了飽和點，衛生紙就會變得脆弱，且會將濕氣蒸發掉，此時就得擔心是否會長出汗疹了。」或者：「粉末會變成薄膜，所以會不會不好擦拭掉髒東西呢？」衛生紙業界有諸如此類負面的評價。

因此，目前仍有一些不理想之處有待改善。

姑且不論商品化的問題，這種發明應該是源自於排便後內褲會弄髒的體驗。

不過，對內褲一向不會弄髒的人來說，這大概是一無是處的發明吧！

◆向平坦的胸部說再見——乳房會變大的藥品

對一個女性來說，乳房的大小是極其重要的問題，說得極端一點，它甚至可以說攸關著女性的悲與喜。

為了胸部平坦而苦惱不已的女性，我想介紹她們一種「美乳霜」。根據臨床實驗的報告，它對九成的使用者都能產生效果，是女性朋友的一大恩物。平均而言，它保證能使乳房增大三～五公分。

製造這種藥品的，是中國大陸天津市的化妝品化學技術研究所。也就是說，它屬於中國的漢方藥。

「真的有效嗎？」這種藥品不免面臨了經常令人懷疑的命運，不過，由於它獲得極難獲得的日本厚生省的輸入許可品，所以，其效果也是被認定的。據說因為是漢方藥，所以並沒有副作用。

尤其有效的是那些乳房已經下垂的歐巴桑們。不過，一過中年之後，乳房似乎也不太有利用價値，不是嗎？增大乳房恐怕是多此一舉了……。

◆在電車上不會把別人衣服弄濕的「親切之傘」

如果你穿了一套外出的西裝外出，但在擠滿乘客的電車裡卻被人用濕淋的雨傘弄濕了，變得不畢挺——這真是令人生氣的一刻。

為了避免這種討厭的感覺而想出來的點子，便是「親切之傘」。

將雨傘收起來時，只要將裝在一支傘骨上的拉鍊拉下，這樣一來，內側乾燥的部分就會變到外側來。它不僅可以不弄濕別人的衣服，也能保持自己衣服的乾燥。

發明這種雨傘的人，是當時仍就讀於中學三年級的比留川利惠先生。他有一天穿著自己很喜歡的外套外出，但因下雨在電車上被人弄得既是泥巴又是雨水，他難受極了，也心疼極了，一件衣服就這樣泡湯了。他受到這件事的刺激，終於想出了一個不錯的點子。

他拿著這個發明去參加大和市的「創意研究展」，竟幸運地獲得「最優秀獎」。據說，製造的成本僅僅五百元而已，由此可見，想發明東西並不一定需要大筆的金錢。

不過，這種傘也得大家都使用才能發揮效果，而那樣的一天會來臨嗎？

◆不會喝酒的人也會變得喜歡參加宴會的「吸酒器」

每年到了宴會很多的季節時，心裡就會開始悶悶不樂的人，便是那些不會喝酒的人。雖然自己不喜歡喝酒，但別人仍頻頻勸酒，此時，拒絕就成了最辛苦的一件事。

在這樣的時候，頗有用的東西便是「吸酒器」。

這是使杯子或玻璃杯裡的酒精消失掉的發明。

雖然聽起來很不簡單，但實際上這種裝置再簡單不過了。也就是在細管的一邊裝上水袋，另一邊則裝上能夾住杯子的插管。將水袋放在襯衫的下擺，這條水管便通過袖子，而手拿著插管。至於水管本身，也加裝了幫浦。

參加宴會時若有人拿酒給你，你就悄悄地將插管裝在杯子裡，另一隻手壓幾次幫浦。此時，酒液便沿著水管流到水袋裡去。這樣一來，便能痛快地「大飲」三杯了！

這種裝置也有其他的用法，那便是佯裝喝醉了，將宴會上的高級酒帶回家，這樣昂貴的禮金便能撈回一些本錢了。

不過，不能喝各式各樣的酒類是其一大缺點。

◆一九一五年即有的真空機械真能使那東西變大？

所謂的「那東西」是指男性的陰莖而言。現代的年輕人，常為了陰莖過小而苦惱。但日本大正時代即有人發明了使那東西變大的機械。

一九一五年時，就有這樣的東西出現。它是將陰莖放入一個圓筒裡面，然後用繩子將它綁在腹部，就這樣每天讓陰莖勃起，陰莖就會一天比一天變大。

翌年，更有人發明了利用真空法的陰莖增大法。同樣是將陰莖插入圓筒裡，讓它勃起後使圓筒裡變成完全真空的狀態。忍耐約十分鐘之後，便利用真空以冷水澆淋陰莖。

如果一直持續這樣的做法，不僅陰莖會變大，據說也能治好早洩的毛病。因此對有早洩、短小等問題的男性而言，這種器具就如同「神器」一般。

我們不難想像，這種器具一定為衆多男性找回了自信，不過，只要想想他們在寒冷的冬天也得「鍛鍊」陰莖的那種模樣，就覺得實在太慘了。

◆有身歷其境之感的噴霧式保險套

對男性注射某種荷爾蒙（某醫學院的研究），或每月一次注射，或從鼻子吸入（某大學的研究），這些都能使男性的精子製造活動暫時中止——近來，諸如「男性用避孕丸」一類的避孕用具相繼地被開發出來。

其中由中國大陸的科學家所發明的用具，是目前仍然可看的「噴霧式保險套」。它雖仍使男性保有製造精子的機能，但當將它噴向陰莖的末端時，會形成一層薄膜，阻塞住精液的出口，用完只要將薄膜擦拭掉即可。

僅僅依賴噴霧，看來似乎不太可靠，但實際上其安全性極佳，幾乎可百分之百避孕成功。由於橡皮式的保險套會破掉，這種情形常使「家庭計劃」功虧一簣，但如果使用噴霧式的保險套，便能徹底地執行計劃，而且既方便又輕鬆。

不過，自從愛滋病引起社會的騷動之後，過去的傳統型保險套更受到世人的垂青，而這種新式的保險套究竟是否能防止愛滋病仍是一大疑問，所以不知它能不能普獲接受……。

◆尼克勞斯所發明的「不會飛的高爾夫」

如何製造不會飛的球呢？——這應該是高爾夫球製造廠商的重要課題。

有一次，某位帝王傑克・尼古拉斯居然發明了「不會飛的球」。其大小和過去的球一樣，但重量只有一半以下的十九公克。飛行的距離也只有一半而已。材質則是玻璃泡沫粒子及耐熱合成樹脂的合成，凹進去的地方相反地成為腫瘤般的東西凸出來。

發明這種東西究竟有何用處呢？其實其用處還真不少，頗值得開發。

想在加勒比海上的小島克拉特・凱瑪島上建造高爾夫球場，便是發明這種東西的契機。要建造一座普通的高爾夫球場，需要有二五萬坪的土地，但在這個小島上，並沒有那麼廣大的土地。

而被選為在有限的土地上建造高爾夫球場的設計者，便是尼古拉斯。他心想：「如果是用不會飛得很遠的高爾夫球，問題不就解決了？」於是，他真的發明了「不會飛的高爾夫球」。這樣一來，「凱瑪高爾夫球場」的建地只需五萬坪便足夠了。雖然沒有使球飛到二百碼到三百碼那麼遠的爽快感，但因為這種球會浮在池塘上，所以即使球掉入池塘還是能照樣打球。而且，還有打球較便宜等好處，很適合一般人。

另外，即使揮桿落空了，步行的距離也較短，不致於走得很遠，所以打起球來相當輕鬆。

不過，這樣的方式不就無法解決運動不足的問題了嗎？

◆對血液及肝臟有效的「幸福可樂」

喝起來感覺非常舒暢爽快的飲料，便是「可口可樂」了。在世界各國它都是以佔壓倒性市場為傲的大暢銷飲料，但從未聽說它是「健康食品」，對身體有任何益處。

販賣「有益身體的可樂」的地方，大概是中國大陸了。

這種名叫「幸福可樂」的可樂，聽起來好像能獲得幸福似地。雖說如此，它是用漢方藥的藥草──芍藥的根作原料而製造的，所以也可以說是漢方藥的一種，只不過換了一種型態、面貌而已。

其廣告文案上寫著：「對血液及肝臟有效」。如果說喝可樂而能有益於身體，那麼這點更是可樂迷們無法抗拒它的原因了。

但是，即使在有如此「可樂神話」的中國大陸，據說民衆還是喜歡喝原本真正的「可口可樂」，而不喝「幸福可樂」。

也許是一聽用藥草作原料便令人有喝藥的感覺，喝的時候更不會有幸福的感覺吧？

◆在床鋪中央打一個大洞——那是為了預防什麼的方法？

每次將有新的生命誕生時，喜悅之餘，更有惡魔的影子悄悄地接近……。例如，妊娠中毒症，便是對母體及胎兒都有不良影響、非常麻煩的疾病。

而能減輕這層憂慮的，便是大阪市立婦幼醫院的荻田幸雄院長等人所開發的「預防妊娠中毒症床鋪」。

雖說如此，那並不是什麼特殊的東西，它只不過是在床鋪的中央打一個直徑四〇公分的大洞而已。因為孕婦能將肚子放進洞裡，所以能俯睡。

開發的啟示，得自於四腳動物不會罹患妊娠中毒這點，直立的人類在妊娠後期肚子變大時，如果採取仰向或直立的姿勢的話，子宮後壁及脊椎之間的大動脈、大靜脈就會受到壓迫，也很容易罹患妊娠中毒症。

但假使讓孕婦俯躺於床鋪上，血液的循環便會很順暢，不必擔心妊娠中毒症的侵襲。

據說，有三〇～五〇％的孕婦會一再罹患妊娠中毒。但用這種床鋪進行實驗時，以前曾罹患妊娠中毒症的三十一位孕婦中，再度中毒的孕婦僅有二位，而且胎兒的發育也非常良好，效果極佳。

不過，可千萬不要讓臀部掉下去，連胎兒也一起掉下去……。

◆用形狀記憶合金製造的人工陰莖

對男性而言，最大的不幸即是性無能。

為了萬一發生這種情形，不致於自暴其短，能及時補救的發明，便是將矽棒植入陰莖做成人工陰莖，並將液體塡充於內，或是僅將矽植入陰莖的方法，這些都是以往的發明。

最近，由秋田大學醫學部的原田忠講師所開發出來的產品，則是使用一種形狀記憶合金製造的人工陰莖。談到形狀記憶合金，曾經也有人用這種合金開發出女性用胸罩，成為極為暢銷的商品，所以知道這種合金的讀者應該不少。而用它來製造人工陰莖時，在常溫下它能變形為各種形狀，但一到五〇度就會變得很筆直。

即使因為性交而亢奮起來，體溫也不會變五〇度吧！當然，體溫不可能變得那麼高。

其實，形狀記憶合金是在裡面裝了鎳鉻合金線圈，使它通電。

也就是說，在日常生活可以將它「折疊」起來，使它不致太引人側目，而且只要需要用到時將它通電，它就立刻變直。

這樣一來，便能和健康的人一樣，將享受性愛的樂趣。

如果由於天氣異常氣溫超過五〇度時，男士們不是要更尷尬了嗎？

◆居然比鐵更硬的塑膠

用鐵槌敲打塑膠塊時，會毀壞的是鐵呢？還是塑膠塊呢？

按照過去一般的常識，此時會壞掉的一定是塑膠塊，但現在已不能那麼肯定了，因為目前已誕生了比鐵更硬的塑膠。

製造出這種超乎常識的塑膠，是日本工業技術院纖維高分子材料研究所的松田安雄先生等人。他們將聚砒胺合成鹽的結晶，放入真空的玻璃容器（瓿）裡，然後以珈瑪線（gamma ray）照射，它就會變成粉末。

給這粉末加壓及加熱，它就又變成塑膠或形體，成為堅硬的塑膠塊。

用末端尖銳的東西壓下去，測試其硬度，結果顯示鐵一平分毫米的承受重量是一三二公斤，而這種塑膠竟是高達一八八公斤，顯然耐重力好得多了。

未來也許會出現用「塑膠筋水泥」而非用「鋼筋水泥」建造的建築吧！

◆什麼？稻穀殼、稻皮也能製造出陶器？

不怎麼有用的稻皮，在日本一年有二六〇萬噸的產量，而全世界更可能高達六千萬噸。

由於它不易腐爛，所以也無法成為肥料。

但是，利用過去被視為毫無用處的稻皮，竟可開發出最先端的素材。開發出這種技術的，是日本北海道地區技術振興中心，他們能從稻穀殼、稻皮製造出陶器。

也許不少人都會懷疑：稻皮真的能變成陶器嗎？

但這是千真萬確的，製造的方法是，先在高溫的氮氣中蒸燒稻皮，使它碳化成為灰燼，接著用氬氣將它蒸燒，使它碳化成為硅。

然後，用氮氣使它成為氫化硅，並以三〇〇度的氣壓、一九〇〇度的溫度燒結，如此便成為陶器。

而開發的啟示，得自於稻穀在土中有使硅濃縮、蓄積的性質。它的燒結溫度低，而且一開始就因為很細所以在燒結之際必須將它打碎，是非常優良的素材。

稻皮竟成為陶器──對於這麼大的轉變，也許稻皮本身也會大吃一驚吧！

◆怎麼使用呢？服用的體溫計真奇妙……

有患者想要量體溫，本來還以為把溫度計含在嘴裡，但不料下一瞬間竟將體溫計嚥了下去，啊！該怎麼辦……。

別擔心，這樣是正確的。如果這是美國霍浦金斯大學應用物理學研究所所開發的體溫計的話。

這種稱為「小護士」的體溫計，長二公分、直徑八厘米、重二公克，體積非常小巧，在膠囊型的形狀裡，有依照溫度振動數的變化而振動的水晶振子，以及能感應到振動的線圈、小型電池等裝置。

將體溫計嚥下去，這有實用性嗎？似乎可以聽見這樣的疑問……。其實，其利用價值頗高。用過去的體溫計，只能量一時的體溫，但「小護士」能連續地測知體溫。而且，它是以○・○一度為單位，性能極佳。

如果是普通的疾病，就沒有使用這種體溫計的必要，但據說可以期待的是，它能善加應用於需要慢慢升高體溫、瀕臨凍死的患者。

不過，嚥下去的體溫計結果如何呢？不必擔心，它在一～二日內就會排泄出來，而且，只要將電池的背膠換新便能重複使用多次。

你敢嚥下和糞便混在一起排泄出來的東西嗎？這恐怕是對個人的一大考驗。

◆蚯蚓的糞便可以成為脫臭劑！

在令人討厭的臭味中，具有代表性的應該是「糞便」了。「糞便」根本是我們鼻子不敢靠近去聞的東西，但居然能利用它製造出脫臭劑，真是令人難以置信了！

這種脫臭劑，是用蚯蚓的排泄物作為材料，由於它具有如活性碳一般的多孔質構造，因此川崎製鐵及綜研工業中心注意到它，經過多次的試驗，終於開發出目前的脫臭劑。

儘管如此，蚯蚓的糞便並不是完全沒有臭味，它也和其他的生物一樣，還是有難聞的臭味。

所採取的糞便，必須是自然乾燥之後，再用天然除臭劑噴灑，使它的臭味完全消除掉。再使用時，就不必擔心有任何臭味。

它會吸收多孔質構造的臭味，而且糞便中的某種物質會分解臭味，所以多孔質構造的孔目就不會阻塞住，能用得很久。

再者，由於使用活性碳，原本硫化氫及阿摩尼亞等不易消除掉的臭味，也能一併消除。真可謂難得一見、不可思議的發明。

不過，如果聽到是用「蚯蚓的糞便」製造的脫臭劑，一向優雅高尚的家庭主婦們，恐怕不會去用它吧……。

◆老鼠也能生產羊乳！

乳的成分，每一種動物都不盡相同。

比方說，羊乳富於被稱為ＢＬＧ的蛋白質，但老鼠的母乳中，並沒有這種成分。

因此，英國農業糧食研究會議生理遺傳研究所的約翰•克拉克博士等人，進行了一項有趣的實驗，他們在想：老鼠是否有可能生產出羊乳呢？

他們先將從羊的乳腺組織製造出ＢＬＧ的遺傳因子分離出來，然後將它混入老鼠受精卵的遺傳因子中。接著再將此受精卵移植到母鼠的子宮內，讓牠產下小老鼠。

結果令人吃驚的是，在調查產下老鼠的母鼠所分泌的乳汁成分時，居然發現它含有大量母鼠原本沒有的ＢＬＧ，也就是說，母鼠的乳汁中竟含有大量羊乳的成分！

用這種乳汁養育小老鼠時，據說並無任何異常的情形，的確十分神奇。

假使，將此技術應用於人類和牛之間，將來也許會發展成乳牛生產出和人乳完全一樣的乳汁，這並不是不可能。

換言之，將來便能用過去無法代替母乳的牛乳去養育嬰兒。

這樣一來，由於餵母乳讓母親們擔心的乳房鬆垮的問題，也能迎刃而解了。對女性而言（也許對男性而言也一樣），一定很希望這樣的發明早日實現。

◆用雀蜂的幼蟲製造的「防止疲勞的飲料」

雀蜂是一種非常強壯的生物，成蟲是可以食用的液體食物，但牠為了狩獵食物，往往一天會飛行數十公尺之遠，牠是不是喝了效果絕佳的「營養飲料」，所以才能保持如此良好的體力呢？

聽起來似乎不太可能，但這是千真萬確的。談到雀蜂這種昆蟲，當牠捕到獵物，並不是自己獨享，而是先將食物嚼成碎肉團給幼蟲吃，而幼蟲便吐出一種液體，慢慢地吞下這種液體。

它並不是單純的液體而已，而是弱鹼性、含有三〇種胺基酸、營養滿分的飲料。

曾經進行過一項很有趣的實驗，以將酪蛋白分解的胺基酸溶液、百分之百的葡萄糖溶液、以及雀蜂幼蟲的液體（唾液）調成二倍的濃度，將這三種飲料讓三隻老鼠各飲下一種，然後讓這些老鼠去游泳。

結果游到最後一刻的是飲過雀蜂幼蟲唾液的那一隻老鼠。這點證明了，只要飲下它就比較不容易疲勞。

其效果是否超過蜂王乳呢？這就有待證實了。

◆便於攜帶的「粉末酒」

一用水溶化就變成酒——這便是所謂的「粉末酒」了。由於它攜帶方便，所以最適合於旅行時隨身攜帶，這樣便可隨時享用美酒了。

開發這種酒的是，愛知縣小牧市內的粉末調味料製造公司。在全世界並沒有此類的技術，因此該公司於一九七二年獲得專利。

當我們將酒乾燥化使它成為粉末時，最先蒸發掉的是酒精成分，那是因為水的沸點比酒精的沸點更低的緣故。據說為了解決這個問題，使過程變得十分複雜、困難。但是，該公司給酒加了名為「糊精」的澱粉分解物，並以七五度～八〇度的溫度加熱處理。這樣便成功地只讓水分蒸發掉，但保留了酒精成分，製造出含有酒精成分的粉末。其最大的特徵是味道及香味不會散逸。使用此製造法，威士忌、雞尾酒等等，無論任何酒類都能變成粉末。

◆和橄欖球完全一模一樣的橢圓形西瓜

有一種品種非常珍貴罕見、命名為「橄欖球」的西瓜，在市面上極受歡迎。顧名思義，其形狀是如橄欖球般的橢圓形。它的大小和普通的大西瓜相比，約只有後者的一半，長約三十五公分，很容易放入冰箱，大小適中。

發明這種西瓜的人，是一位神奈川縣三浦市園藝試驗所的技師。他是以中國大陸產的「嘉寶」及日本產的「都三號」兩個品種去接種的，經過一再的改良之後，終於完成了令他充滿自信的作品。

關於這種西瓜之所以極受歡迎的秘密，專家認為，是因為它大小適中便於搬運、保存。而其甜度也高於普通的西瓜。

不過，這種西瓜那麼受人歡迎的另一個原因，也許是因為橄欖球運動很受人歡迎吧？在沙灘上剖開西瓜來吃，那真是夏天裡的一大享受，但如果帶了這種新品種的「橄欖球」西瓜，就既能享受踢足球的樂趣，也能在口渴時食用……。

◆酒不可以喝，應該用來洗

自古以來，許多人都說用酒洗澡有益於健康，例如：酒浴可以促進新陳代謝，不會產生頭皮屑，使血液循環良好，肌膚變得光滑柔潤，這些都是已知的效果。

看上這些效用而製造出酒浴專用酒的廠商，便是歧阜縣羽島市的酒廠「千代菊」。

這種酒命名為「玉肌」。顧名思義，即是洗了會很有效，使肌膚像玉一般光滑。據說，「千代菊」的董事長坂倉又吉先生每天都用這種酒洗澡。酒精度數比一般的清酒低，約在一四度～一五度之間。因為，「玉肌」的做法是抑制酒精的度數以增加米中所含有的胺基酸的量。

自從一九八四年開始發售以來，反應極佳，銷路也非常好，由於實在太暢銷了，坂倉先生每天都笑得合不攏嘴。

況且，對喜歡喝酒的人來說，「每天都洗酒浴有益於健康」這句廣告詞，似乎也頗能迎合他們的喜好，一定都很樂意使用它。這麼說來，這樣的洗澡水不但大人不會喝醉，且又有益於健康，小孩子也沒問題不會醉倒浴室，應該是老少咸宜的洗澡方法了。

◆喜歡這個東西嗎？——「包皮矯正內褲」的優點

關於男士們「下半身」的煩惱，因為是很難啟齒、找人商量的問題，所以有時不免令男士們獨自悶悶不樂，不知如何是好。

以男性來說，「包皮」、「早洩」便是所謂「下半身的煩惱」中最常見的，也是最嚴重的。

但是，市面上已在出售一能妥善解決這些煩惱的優秀產品。這種包皮、早洩專用的「超級短褲」，和普通的內褲一樣的穿法，但具有治療包皮、早洩等方面問題的效果，真是了不起的發明。

根據有使用經驗的人說，雖不知原因為何，但總覺得走路的步伐變快了。一些當事人的說法是，那大概是因為睪丸被冷卻的緣故，不過經銷商分析穿上它之所以走起路來變快的原因，懷疑會不會是因為過去深為苦惱的包皮、早洩問題治療好了，因而給使用者帶來精神上的慰藉，人一心情輕鬆，走路自然變快了。

無論如何，由於包皮、早洩的問題而不得不縮短性交時間的人，倒值得一試。

◆碰一下鼻子就會較高挺？真的嗎？

鼻子高挺似乎已被列為俊男美女的必備條件。因此，對絕大部分鼻子都不夠高的東方人來說，鼻子像西洋人一樣既高又挺的確很令人羨慕。雖然有將鼻子弄高的整形手術，但費用往往高得令人咋舌，不是一般人可以做的。

在這樣的情況中，開發出一種奇妙的新產品，並已在市面上發售。那是德國製的「可愛的鼻子」。它的構造很簡單，只是在鼻子裡裝上具有肌膚觸感的小型特殊素材，這樣鼻子就會墊高五～八厘米。戴上它不但不會有任何不適的感覺，也不會在半途掉下，引起衆人的注意。

僅僅如此，並不知其原理為何，但總之那是將素材裝在鼻子裡使鼻子變高。這樣一來，除了能省下一筆手術的費用，更能安全地使鼻子變高。「既然如此，只要將衛生紙裝進去不就可以了？」

◆「Pomoto」很有名，不過你知道其他新品種嗎？

將馬鈴薯（potato）和番茄（Tomato）交配而產生的Pomoto，是一九七七年由德國的馬克斯布拉克研究所的G・馬爾畢斯博士所創造的新品種。

如果按照通常的交配法則去改良品種，就不能創造出像將「馬鈴薯」和「番茄」放在一起，具有創意的特殊新品種了。而使這件事成為可能的因素，是細胞融合技術。那是一種讓性質不同的植物，在細胞的層次上便合為一體，使兩者的遺傳因子混合在一起的技術。這樣便能創造出同時兼具兩者完全新品種的植物。

細胞融合技術，是一九五七年一位名叫岡田善夫的日本研究者初次發現而產生的。之後，更知道複乙二醇對於植物細胞的融合具有實用性。而現在不僅以化學處理進行融合而已，更發展至以電氣處理的技術，那是每分鐘能進行十萬個細胞的融合的尖端機械。以細胞融合技術所產生的新品種植物，除了「Pomoto」之外，還有以白菜和甘藍菜交配產生的蔬菜。

動物的細胞融合，比起植物細胞就困難得多，那是因為，動物細胞都有排斥異物的作用。以動物的細胞融合實驗來說，能將白老鼠和黑老鼠的細胞而誕生灰色的老鼠。灰老鼠繼承了白老鼠和黑老鼠雙方的性質，擁有黑色和白色摻雜的毛。灰老鼠是希臘神話傳說中的「怪物」，據說它有獅子的頭，羊的身軀，蛇的尾巴，外表十分奇特怪異。如果用細胞融合技術，或許也能將貓和狗等完全不同種類的動物，交配出另一種動物，所以未來並不是沒有出現「貓狗」的可能了，而產生神話般的怪物，也不是不可能。

◆不喜歡吃發酵過大豆的人有福了，請用在家自製大豆的「家庭大豆器」

日本關西一帶的人，大都不喜歡吃發酵過的大豆。他們說不喜歡它獨特的臭味。但事實上，由於這個地方有不喜歡吃發酵過大豆的習慣，所以絕大多數的人都是在從未吃過卻不喜歡的環境下成長，像這樣失去和發酵過大豆接觸的機會的人還真不少，但真正討厭它的人並不是那麼多。

也許對討厭發酵過大豆的人有所幫助的器具，便是能享受自製樂趣的「家庭大豆器」。它是一種能在家中輕輕鬆鬆地製作發酵過大豆的機器。

這是在大豆的「發源地」，也就是水戶的某家陶磁器公司所出售的機器。原理是將用壓力鍋煮過的大豆放入容器裡，然後加入用煮汁稀釋過的大豆菌（發酵過的），和稻草一起用熱水加熱。第二天便能做出被灰白色皮膜覆蓋的自製發酵過大豆了。據說，發明者是由熱水器（懷爐）得到靈感的，也就是在容器的周圍加入熱水，這樣便能讓大豆保溫，使它發酵，這便是製作的秘訣所在。

因為在陶器本身裝有大豆菌及稻草，所以任何人都能在自己家中享受自製發酵大豆的樂趣。如此一來，應能消除對發酵過大豆的恐懼感。

◆對旅行者相當便利的「懷爐便當」

搭乘列車旅行的樂趣之一，便是吃車站上所賣的便當。如果以裝有地方名產的便當和熱茶一起進食，那麼就能增添旅行的氣氛。當然，車站的便當冷了也是很好吃，不過當寒天外出旅行時，還是喜歡吃熱騰騰的便當。

有鑑於此，神戶市內的車站便當業者便動起腦筋，他們利用用完即丟的懷爐的原理，開始出售一種能保持剛煮好溫度六小時以上的車站便當。

而這種附有懷爐的便當，是在容器的底部鋪著以鐵粉為主原料的發熱體，交貨時，便澆上熱水使鐵粉氧化、發熱，使溫度上昇至攝氏七〇度。這樣便能在六～八小時內吃到熱騰騰的便當了。

最先想到這個點子的董事長，是從用完即丟的懷爐得到靈感，但如果使用市面上所出售的懷爐，就必須用到人的體溫，而且溫度只能上昇至食品容易腐敗的四〇～六〇度，所以他在鐵粉的量和其他混入物上下工夫，最後開發出便當用的發熱體。

這種便當一發售之後，果然獲得極大的好評，簡直供不應求、財源滾滾！

◆不是由廣告人宣傳的廣告車

從前，揹著看板並敲鑼打鼓在街上作廣告宣傳的景象，現在已不多見了，而取代這種「廣告人」的作法在市面上出現的，便是既現代又新穎的「廣告車」。

這是將貨車車架的部分改造為長二公尺、寬三公尺的看板，從早上上班直到黃昏下班為止，在辦公時間內開到商業區辦公大樓集中的地方，慢慢地行駛，以達到廣告宣傳的效果。

這種廣告新工具初次出現於一九八六年，由東京的一家戶外廣告專門公司所開發設計，並以東京、橫濱、京阪神為中心，開始在街上行駛。

事實上，廣告車的創意來自於都市中心的地價高漲，以及戶外廣告塔單價不斷提高這兩大因素。另外，由於大樓的高層化使霓虹燈的效果大打折扣，更促使這種新的促銷法出現。自從開業以來，飲料、家電等廠商都紛紛採用這種新興的宣傳手法。目前，到處可見這種車子精神抖擻地在街上行駛。

◆噴向鼻子的新式避孕藥

使用起來簡單方便而無副作用，價格又便宜，性交時更不會減損快感，最重要的是具有效果——開發這樣的避孕藥，可以說是人類的夢想。為了迎合目前性解放的時代潮流，以及亞洲等地區人口爆炸的問題，避孕藥方面的需要已愈來愈高。因此在世界各地的研究室中，幾乎每天都在進行更有效的避孕藥的開發。

一九八二年，紐約的那修博西開發出一種堪稱劃時代的避孕藥，它居然是只噴向鼻子便能避孕的藥物！

這種新藥，會控制荷爾蒙的分泌，以男性而言，是抑制精子的生產，至於女性的話，則是抑制排卵，以達到避孕的效果。只要向鼻子噴灑這種藥物，便可由鼻子的黏膜吸收到肺部，發揮效果。

目前，男性用的藥會有減退性慾的可能，所以還是有問題，不過由於仍在實驗階段，將來也許「睡前稍微噴一下」會成為一般的常識，是夜晚必備的良品。

◆結果變成一無用處的「黏附型炸彈」

我們很容易認為，兵器是走在時代最尖端的技術之一，但也有不少兵器可以給予它創意獎的獎勵，這些兵器無論在結構或設計方面都十分珍奇。第二次世界大戰，便是一個大量生產如此兵器的戰爭。

由英國所發明的新型手榴彈之一，是「黏附型炸彈」。它是在表面塗上一種黏著力極強的塗料。擲出這種手榴彈時，它如果黏附在戰車上就拿不掉，如果黏附在戰車的情況下爆炸，應該會造成這輛戰車十分嚴重的損害。

但真正實際使用時，才發現它有顯著的缺陷。因為，黏著的塗料實在太強力了，當兵士拿起手榴彈要擲向敵人時，手榴彈常會脫不開手，牢牢地黏在手上。也就是說，它原來是對實戰一點用處都沒有的兵器！

約同一時期，蘇聯也想出了一個「突擊軍用犬」的點子。這是在經過訓練的軍用犬背部綁上炸彈，讓牠們向敵方的戰車襲擊，以期克敵致勝。但是，這種作戰法在實際時出乎意料地失敗了，並未如預期般成功。因為，訓練時所用的全都是蘇聯的戰爭，以致實戰時軍用犬竟全向己方的戰車衝過去，展開猛烈的突襲，結果，使得蘇聯軍方的一個軍團不得不退守後方，真是損失慘重。

◆利用木屑製造的接著劑

日本農林水產省森林綜合研究所接著研究室的小野擴邦主任，有一天在富山新港看到有幾千輛卡車量的落葉松樹皮，在港口堆積如山甚是壯觀。據說，這從以前的蘇聯搬運落葉松來時剝落下來的，日積月累地竟堆積成幾座小山。為了要處理這些大量的木屑，港口方面正在大傷腦筋。小野主任想，這些廢物應該可以有效地利用，才不致浪費資源。

樹皮中含有單寧酸的成分，自古以來人們即利用單寧酸去製造接著劑，這是衆所周知的一點。小野主任注意到這點，於是開始著手進行由落葉松的樹皮製造接著劑的研究。首先，他將樹皮乾燥，做成粉末，接著以硫酸為觸媒，使它酚化。等到液體碳酸化的反應，便以甲醛使液體產生反應成為樹脂，然後加入硬化劑製造出接著劑。

這樣製造出的接著劑的接著力，非常強力。據說，小野主任已預先調查了其保存性及安定性，準備將這種接著劑做成產品，更實用化了。

◆旅行中也能安心的「盆栽自動給水裝置」

寵物能帶著一起去各處旅行，但盆栽的花木就不能隨身携帶、就近照顧。從旅行地點回家時，很不幸地花木已經枯萎了……，相信許多人都應該有這樣的經驗。

某家種苗公司，向公司職員公開徵求即使長期不在家也不致使盆栽枯萎的方法。其中特別與衆不同而且簡單的方法，即是S先生的提案。

將圓型的盤子裡打一個洞，然後將海棉塡滿，盤子放在盆栽上，每當澆水時，海棉就會將水吸進去，而將水分送到盆栽裡去。

但用此方法後，可能會因給植物根部太多水分而使植物腐爛掉。因此，他們決定用水槽方式送水。

也就是在盆栽裡裝一個水槽埋入土中，裡面裝滿水。不過，此時不是使用普通的水槽，而是使用素陶器，這才是關鍵所在。因為是素陶器，所以水並不會溢出，而會經由陶器本身的質地慢慢地使水進入土中。而且，素陶器完全和泥土屬於同一類的感覺，看來對植物比較有調和感，不致有太突兀的感覺。

我想，該公司如果不是對綠色植物有特殊的感情，恐怕就很難有此發明了。

◆炎熱時也覺得涼爽無比的「金魚內褲」

在還沒有冷氣機的時代，人們為了有涼爽的「氣氛」而下了許多工夫。例如，將風鈴吊在屋簷下，或在屋內擺飾金魚缸，讓金魚在魚缸裡悠游自在地游水。

而從這樣回顧過去的嗜好所產生的，便是神奈川縣川崎市石井重三先生的發明。

這居然是在內褲的前面部分裝上網袋，而在網袋裡放入塑膠袋，讓金魚在腹部前游來游去。如此一來，根本就不必到外面去看金魚，只要翻開上衣，就可以看到金魚在腹部前游著。而且，水會讓人有清涼的感覺，雖別人正在炎熱的天氣中汗水淋漓，但本人卻覺得涼爽無比。

不過，如果走了太多的路，金魚可能會被震得頭暈目眩。另外，患有懼冷症的人也可能立刻不舒服起來，因為腹部實在太冷了。

這也許可以說是能同時享受施虐和幽默的樂趣的一項作品。

◆以聲音給予盲人指示的高科技拐杖

在車站的月台上，常可看見給盲人專用的點字磚，但如果用拐杖並不易摸出指示，所以在實用上據說不太理想。

因此，有一種新式拐杖產生了，那便是會在地上發出電波作為發信的錄音帶，只要在拐杖上加裝這種裝置，便能接收電波的信號，而拐杖碰到錄音帶時，就會依照當場的需要給予盲人帶路的指示，如「右轉」、「左轉」……等等。裝在拐杖裡的揚聲器會發出聲音，經由耳機，拿拐杖的人便可聽見指示。

大致是這樣的結構。對盲人步行者來說，那只不過是普通的錄音帶，所以並不會妨礙通行，但如果一到交叉點或車站的樓梯等危險的地方，可能就方便多了。

想出這個點子的人，是芝浦工業大學的石田博教授。他獲得凸版印刷業者的協助，目前正在進行實用化的實驗。

◆以鐵絲衣架來代替墊肩，防止衣服變型

將西裝或連身衣裙拿去洗衣店洗時，衣服洗好之後往往會把它掛在用鐵絲製的衣架上還給我們。但如果就這樣掛在衣櫥裡，就不能保持衣服原來的型。

而且，這種衣架頂多也只能掛，或只能當作洗好衣服後掛衣服的東西而已，「那樣的話太糟糕了……。」品川區的栗原松男先生這樣想。

如果想保持衣服原來的型，可在鐵絲製的衣架上加裝一個墊子，在衣服的肩膀部位加一個墊子，如果用毛巾等東西墊在那部位，實在很麻煩。於是，他發現了能自由取下又裝上的墊肩。

他在檸檬型的墊肩上加了條溝，而要將它插入衣架時，就把它插入條溝即可，將它做成一個能發出聲音，一碰就能拿掉的東西。

鐵絲製的衣架似乎很會刺激富於刺激的人內在發明的慾望，例如，將它彎曲一下，做成掛項鍊的東西，還有各種各樣的「發明」。

反正鐵絲衣架是洗衣店免費送給我們的，所以對發明入門者來說，這也是一種很適合的材料，懂得廢物利用的人，便能出現好的創意！

◆指壓及按壓能同時進行的「電動按摩器」

按摩器有很多種，但有人只要一想到是讓機器為我們按摩，便覺得意猶未盡、隔靴搔癢，不能盡興。

如果用自己的手指按摩，既能按摩又能做手指運動，不是一舉兩得嗎？

但若是赤手空拳去做，一定不夠徹底，而且效果也不理想。

因此，有人製造出一種用中指及無名指，藉電氣的力量活動的「電動按摩器」。這種按摩器，放在中指及無名指之間，將它做成能完全吻合凹處的型式，使兩指能夾住。

而在會碰到肌膚的部分，做了許多凸狀物，用這部分摩擦身體，就會覺得有適當的指壓作用，立即通體舒暢，而且也有很舒服的震動感傳到手指來。至於其能源，只需使用二個電池而已。

這種器具不論對手指及身體都很有益，而且用起來也很方便輕鬆。對比較疏於運動的人來說，這可能是非常合適的一種發明。因為能輕輕鬆鬆地獲得健康，是每個人的一大願望。

據說發明者安滕先生本身，用自己所製造出來的按摩手套來恢復疲勞，這樣才有精力去縫製顧客訂購的貨。

◆能裝進二天份內衣褲的旅行袋

住在大田區南馬進的家庭主婦坂井美沙子女士，是婦女發明家協會的會員。她曾經用手製作出標示「洗手間」的布，是很別緻的創意，並因而獲得獎金。

具有發明頭腦的坂井女士，最近又設計出一種很轟動、暢銷的商品，那便是旅行時內衣褲專用的袋子，十分便利。她將布剪成圓形，剪開四角，製作出花瓣狀的袋子。從打開在背面中央的洞裡，將內衣褲類放在四個口袋裡。如此一來，便能放進去兩天份的內衣褲。

而且，內衣、內褲是分別放在四個口袋裡，所以用過及乾淨的絕不會混在一起。

既便利又整潔，樣子也很可愛。她這個發明，在同學會主辦的競賽中，獲得二等獎。

她成為如此富於創意的主婦，可以說是自從結婚之後開始從事家事，注意到自己身邊事物才逐漸產生的。

◆不會因不能拉好而焦慮不已的拉鍊

以凹凸的咬合而拉上去的拉鍊，即使是大人，如果拉鍊有些故障就會拉不上去，更不用說小孩子了。有時是夾克的前面部分無法拉好，令人焦慮不已，恨不得剪開衣服！

住在橫濱市的家庭主婦永幡公子女士，看到當時四歲的兒子為了拉拉鍊非常辛苦，一件夾克穿了老半天。她心裡想：「我要給他一個更容易拉上去的拉鍊。」她想到，如果拉鍊不是凹凸型，而是左右合起來的方式的話。應該就容易拉得多了。

後來，還是由「發明迷」的先生協助她。他們一起到專賣衣服材料的批發街，四處尋找可用的材料。終於找到一種能將布與布連接起來的零件——魔術氈。她將這種東西接在夾克前面左右兩旁，做成了很容易拉上去的拉鍊。

她的先生後來更發現了用磁石將左右兩方連接起來的方法。這樣一來，便成為即使衣服左右不對稱也能拉好的拉鍊。

這個發明，並入選了「全國發明競賽」，得到不錯的名次。

不過，如果衣服上都用這種拉鍊的話，孩子會愈來愈不使用手，這是不是我的杞人憂天呢？

◆能自己洗背部的海棉

過去大家所使用的毛巾及將污垢擦拭掉的用具，不知為何，長度總是不易擦洗自己背部，雖然也有人將兩條毛巾打結弄長的方法，不過要解開就太麻煩了。

但是，如果是用比較粗的布綁在毛巾上，要解開時不是就簡單得多了？不像將毛巾和毛巾打結起來很花時間又很麻煩。

世田谷的家庭主婦華園瓔子女士想，用前面的那種布實在太沒意思了，所以她決定將海棉放入布中。關於這時候所使用的布，她費盡心思到處去尋找，最後決定使用西裝裡布用的尼龍布。她將棒狀的海棉做成環狀，然後將海棉放在尼龍布裡縫起來。因為是環狀，所以要將毛巾和它連接起來也很簡單。

而且，也能將兩個這樣的東西做成八字型的海棉，這很奇妙的一點。如果拿掉毛巾將它打折，就會成為強有力的棒狀，即使在乾燥的狀態下，也能當作按摩的用具。

為了便於擦洗乾淨，素材方面也一再經過改良，一年半之後便商品化，在市面上發售。但有類似的產品出現，而且也發生消費者肌膚疼痛的事件，所以華園便終於停止生產。

不過，後來她用手製作出以麻布及絹布製的舊領帶代替尼龍布的二次性產品，她正打算再度將它商品化。

華園當時是六十一歲，但仍是一位擁有不屈不撓精神的女士。

◆用同時也能針灸的按摩機來消除疲勞

針灸的器具，是將碳棒點火，然後將它插入空氣而使用。雖很方便，但當碳粉掉下去時，如果正在背部做針灸，很可能就會因而灼傷。

住在吉祥寺的鈴木政子女士，為了防止碳粉掉落而在空氣孔的內側裝了網目很細的鐵絲網，結果，效果非常好，鐵絲網能將碳粉一一接住。

對這個結果相當滿意的鈴木，將原本用於針灸的機器裝在自己以前所發明的按摩器上。這樣一來，只要用一種器具，不但能針灸也能按摩，節省了不少時間。

將這兩種器具合為一體的「醫療器」，已獲得專利，並商品化了。

據說，鈴木夫婦由於使用了這個器具的關係，身體變得更加健康，他們說：「不但胃腸的功能變好了，肌肉的疲勞也一併消除了。」

◆能在家中製作魚乾的「一夜乾魚機」

想在自己家中製作魚乾時，該怎辦做呢？雖然也有將魚吊在曬衣繩的方法，但這種方法連陽台都沒有的家庭是不可能的。最重要的是，那樣的東西看起來並不雅觀。

千葉市的伊藤英子女士所想到的創意是這樣的：用鐵絲做成30公分×20公分的長方形框架，而在中央部分裝上要放魚的鐵絲網，並在上面蓋上蓋子。另一面則用尼龍網圍起，這是為了不讓灰塵飛過來才如此做，不虧是家庭主婦才會有的想法。

為了提高安定性，她將形狀改為燈籠型，一再研究、改良，終於獲得科學技術長官獎。

以往，根本就和發明發生不了關係的伊藤，自從這次的發明之後便開始「沈迷於創意的挖掘」，她說：「當我的內心有什麼點子時，我的腦海裡便會響起聲音。我無法忘卻那一剎那。」新的發明往往便是如此產生出來。

她的作品入選了發明展。

松原女士說：「當我思考遭到瓶頸時，便到發明協會的集會場所去，找一些前輩商量。」這正印證了一句俗話：「三個臭皮匠，勝過一個諸葛亮。」

◆不會掉落的浴帽

洗好頭髮之後，為了讓頭髮快點乾，如果用毛巾纏住頭髮，又會很快地鬆開，而頭髮愈長愈容易有這種情形。

參加全國婦女發明協會的松原裕子女士，當她需要有一項展示會用的作品，立刻便想起了洗頭髮的事。她想到要製作能將頭髮好好綁起讓它不致掉落的浴帽。

所用的素材，以毛巾布最佳，為了防止鬆開，她在左右兩端裝上拉鍊，沿著毛巾的邊緣，則裝上可以穿過繩子的管子，就這樣將毛巾纏住頭後，將頭髮整個包住。

雖然也有拉鍊勾住毛巾上的線，或在纏住頭部後又變鬆這些缺點，但她用寬的鬆緊帶去彌補，或去尋找沒有織線的毛巾，這樣一再改良，終於完成了理想的浴帽。

◆有地震時可以變成頭巾的手提袋

因為第一個孫子要上幼稚園了，所以得準備一個上學用的手提袋。東京昭島市的佐久間佳子女士，為了給孫子當作紀念，想自己做一個手提袋看看。

當時，她一心想到的是「防災」的問題。她將長方形的手提袋，長的那邊和底邊的一半做成能用拉鍊開闔的形式。這樣一來，打開袋子後開口會比頭部要來得大，也就是手提袋立刻能變成頭巾。

「地震時應該很有用！」佐久間女士想，地震一來，只要拉開拉鍊，便可套在頭上，於是她立刻將手提袋裝上拉鍊。

但如此一來，袋子的東西就沒有地方放了，因此她在袋子的內側加裝拉鍊，加上長方形的背包。

地震時，便將背包的部分拿掉，頭上戴著袋子，而袋子裡的物品則放進背包裡。背包可以揹在背上，所以避難時也比較輕鬆容易。

手提袋兼頭巾——這是用厚厚的布料製作的，它能預防頭上有東西掉下來而砸傷，保有安全，而且，它的底部有布條，戴上時便成為綁在脖子上的繩子。

製作完成後，給孩子試用，結果證實即使是孩子也能輕輕鬆鬆地戴上及脫下。

這是為孫子的安全著想的心意所想出來的手提袋，可以說是創意十足。

◆穿和服也能輕輕鬆鬆地在廚房工作

葬禮時，女性經常必須穿著和服到廚房幫忙。

但很令人傷腦筋的是，和服通常都有長袖子，即使使用一條繩子將袖子綁起來，但過了一段時間就會垂下來，而且心裡會愈來愈擔心，高級的和服會沾上水及油。

北青山的家庭主婦稻田昭子女士，決定製作一件無袖的背心，將袖子的長度縮短，只覆蓋到肩膀的部分即可，不過，袖子要做得鼓起來、寬鬆的，這樣便能將穿在裡面衣服的袖子放進這種和服的袖子裡。

因為她是一位女性，所以並沒有忘記將自己打扮得很漂亮的樂趣，她使用了固定起來的衣領，周圍也加上玫瑰圖案的刺繡，而布料是用蕾絲。

如此一來，穿洋裝時也能使用，在冷氣很強的房間裡，也能用它覆蓋肩膀，讓肩膀不致於著涼。

這樣的多功能性引起廣泛的注目。當她去參加發明展時，立刻獲得獎賞。雖然穿和服，卻也能享受穿西式服裝的樂趣，而且又具有實用性。對女性而言，這是一種她們很樂意嘗試的暢銷服裝。

◆彈鋼琴時能自動翻樂譜的機器

有一種鋼琴老師為孩子們所開發的「翻樂譜機」。

這是將墊板和彈簧合為一套，將樂譜夾好，而一翻開時，右側的書頁便自動地覆在左側的書頁上。即使將厚厚的教本豎立在樂譜架上，也不會書一翻開便回到原來的位置。

事實上，這個墊板裝了寬二•五公分、厚四公厘的磁鐵。利用磁鐵的功能，使右側的書頁黏住左邊的書頁。

這個作品參加了一九八七年度全國婦女發明協會的競賽，這位鋼琴老師得到了「文部大臣賞」。

翻了書頁後如果又回到原來的位置，那麼便用磁鐵將它黏住……，這雖然是很簡單但卻是不易想到的點子。

◆年紀一大乳房的形狀就會產生變化——中老年人用的胸罩

黛安芬公司的顧問石丸壽代先生，開發出一種中老年人用的胸罩。肩帶長度比原來的胸罩長八公分，而罩杯的高度縮小八公分。

也就是說，這是一種扁平而肩帶較長的胸罩。

為何這是給中老人用的呢?因為，女性的胸部會隨著歲月而逐漸下垂。而且，由於腹部凸出，乳峰的最高點和最低幾乎沒有差別，要合在一起了。經過黛安芬公司三〇年的研究，發現頸部和乳頭間的距離，每一〇年會延長二公分。

將胸罩做成扁平型之後，便能輕輕地將胸部包裹起來，並仍保持支撐的功用。

儘管它很方便，但如果送這樣的胸罩給妙齡女孩的話，大概會引來一場糾紛吧。

◆對於有嬰兒的家庭很方便的「站立式紙尿褲」

通常紙尿褲必須讓嬰兒躺下來否則就無法穿上，這也是理所當然的，但這對母親來說是非常辛苦的事。比方說，外出時為了找讓嬰兒躺下的地方，必須四處尋找。

福岡市的谷本法子女士，便想出了讓嬰兒站著也能穿上去的紙尿褲。她的方法是，讓嬰兒背向牆壁，然後在腹部用帶子固定，按住腰部，前身便從胯下拿起來，接著，兩端再用帶子固定起來。

在換紙尿褲時，如果嬰兒想要尿尿時，只要將兩側的帶子拿掉即可，然後再將前身的部分放下來，就可以讓孩子方便了。

這樣一來，不僅能保護嬰兒身體的安全，也沒有必要經常讓嬰兒躺下來。這是她深深瞭解身為母親的辛苦才會產生的創意。

◆即使行駛中也能調整行車時間表的空氣壓的裝置

如果能配合車道的狀況，隨意地改變行車時間表的空氣壓——那不知該有多好。喜歡車子的人，誰都會有這樣的想法。住在神奈川縣的一位發明家，終於實現了這個夢想。

首先設定空氣壓的高低，以及限定速度，當空氣壓達到所設定的速度時，便能依照此速度去改變空氣壓。在Wheel Case內裝置馬達、壓縮器、空氣閥等，而能從駕駛席遙控——

大致是如此的構造。

有了這種行車時間表，無論在街上或有許多石頭的山路，也都能坐在駕駛席上一直開過去，這是使人們能更快樂地開車的一個好點子。

第五章

追逐夢想的珍奇發明

◆什麽，能從水銀製造出金塊？

在地球上只有很有限的「金礦」。如果能以人工的方式製造出來，那將是現代版的鍊金術，同時也一定能獲得諾貝爾獎。

但是，這種鍊金術現在已經開始了，似乎很有實現的可能性。北海道大學工學部的松本高明助教授等人所組成的研究小組，便想出了將水銀變為金的方法。

據說，重一・三四公噸的水銀，可以變成七四公斤的金及一八○公斤的白金，所以非常引人注目。

其理由是，以γ線照射原子核時，會釋出一個中子，變成原子數少一個的物質。用γ線照射原子數八○的水銀時，便能得到原子數為七九的金，以及用同樣的方法得到的原子數為七八的白金。

如果，γ線必須照七○天，而之後還必須有六年的冷卻期間，那麽就既要有金錢又要有時間。如果再計算用γ線照射的電費，恐怕連本錢都很難拿回來吧。

所以，好事不是到處可見、隨手可得。

◆垃圾山變成大寶山

垃圾問題變得很嚴重時，有一些人正在想「如何將垃圾變成寶山」的問題。而正在研究這個問題的對策的，便是工業技術院科學技術研究所天然有機化學部所進行的「資源再生利用技術系統」的大型研究計劃。

這裡所說的「寶」，是指燃料用酒精而言。

植物的細胞壁，含有纖維素。而此纖維素，是由單醣類的葡萄糖所構成，所以將農業廢棄物、廢紙、木材等植物的纖維素加以醣化，使它變成葡萄糖，並不使它發酵——如此便能得到燃料用酒精。

這樣說聽起來很簡單，但實際上，卻是一連串錯誤的嘗試。以濃硫酸來醣化時，效率是好的，但必須使用很多硫酸，而且要回收硫酸也非易事。所以，他們設法嘗試以硫酸加水，但也並未成功。

好不容易在最後終於成功的是如下的做法。那便是將石油醚、苯等有機溶劑加上非離子界面活性劑，使它成為乳液狀，然後再將它加入纖維素，這樣便能醣化了。

如果這種方法能實用化，便能為垃圾帶來龐大的附加利益。不過，這樣不就沒有人要拿出垃圾了嗎？

◆除了鑽石之外還有人造寶石

提到人造寶石，我們立刻會想到鑽石，不過除了人造鑽石之外，還有許多人造寶石。第一次用人工的方式製造出來的寶石是紅寶石，那是一九〇四的事，而人造鑽石則遲至一九五五年才製造出來。

人造鑽石是將碳和鐵混合加熱至二千度，並加了約一〇萬氣壓的壓力，此時，碳就會熔解為小小的鑽石。這樣製造出來的鑽石，據說都當作工業之用，並不能作為寶石飾品，因為它的價值比天然鑽石更高。

當作裝飾品使用的人造寶石，有京都陶瓷公司於一九七五年時製造出來的合成綠寶石、翡翠，他們把某種礦物放入爐中加高溫，以數個月至一年的時間，讓它慢慢地冷卻。這樣便會產生礦物的單結晶，也就是翡翠。除此之外，該公司也製造、銷售人造的藍寶石、星光紅寶石、黑蛋白石等等九種合成寶石。

◆喝再多的酒也不會醉的藥

平日是一個文質彬彬的人，一喝酒竟會突然有極大的改變，大鬧一場——像這類酒後亂性的人，我希望都能試一試喝再多酒也不會醉的藥。

發明這種藥物的是瑞士的一家化學工業公司，藥品的名稱是RO一五・四五一三。

使用這種藥物在義大利及美國進行實驗時，其結果如下：

義大利人的實驗中，故意專給平日愛喝酒已經「酒精中毒」的酒鬼。結果，這位被實驗者突然開始討厭喝酒了，只喜歡喝水。

而在對美國人的實驗中，剛開始只給受實驗者注射，然後給被實驗者喝酒，此時，他一點都沒有酒醉的症狀。接著再給已經喝醉的被實驗者注射，大約二分鐘內，他便能站起來開始走路。

「一旦有了這種藥物，便能使儘量多喝幾杯了？」喜歡喝酒的人一定會很興奮。不過別高興得太早了，因為，那個接受實驗的義大利酒鬼，可能是因為喝酒無法獲得幸福感，所以想到喝水。如果一般人服用這種藥物，臟器會有影響，甚至會有生命危險，所以最好不要輕易嘗試。

◆用微生物製造的人造石油

石油是從地下湧出的，但將來不管如何探勘、採取也會有枯竭的一天——過去人們都是這麼想。

但製造出石油的方法，已經由明治大學農學部的岩本浩明教授想出來了，而且所用的原料竟是微生物，所以非常出乎大家的意料。

扮演主角的是某種綠藻類的單細胞浮游生物。也就是要大量培養這種微生物，並嘗試不同光的照射量及培養的溫度，做各種實驗，想讓它很有效率地生產碳化氫（也就是石油）。

結果顯示，每一平方公尺每天能繁殖出一〇公克，並計算出在一平方公里的培養地，一年可生產二千噸的石油。

最初是澳洲的學者從發生異常的礦物發現石油，但岩本教授將它作進一步的發展。

說起來這是一種科技石油，從價值上來看似乎並不容易實用化，不過只要有錢便能得到石油，這不是很值得的一件事嗎？

◆將魚變大以解決食糧問題

四周都被海洋圍繞的日本，擁有豐富的海洋資源，大量的各種魚類都是其中之一。因此，基於想進一步利用海洋資源的想法，目前正在進行研究的便是海洋生物科技。這是利用生物工程等高科技對海洋生物進行研究，想有效地利用海洋資源的一種技術。

例如，讓海帶等海藻類發酵，製造沼氣，燃燒它，把它當作發電之用，這樣來活用其能源的研究，還有從海洋生物萃取出化學物質，用它製造抗癌劑等醫藥品的研究，範圍非常廣泛。

當然，當作食糧之用而有效利用海洋生物的研究目前已經非常盛行。比方說，有人很成功地以海洋生物科技製造出三倍大的香魚，而要製造出巨大的魚類也是有可能的。也就是說，魚如果變大的話，可以吃的部分也相對地增多了。也有人在研究將剛孵化的小魚及貝類，全改變成雌性的研究。

例如，如果所有的鮭魚都是雌性的話，那麼便會有大量鮭魚子（鮭卵），如此一來，市場上販售的鮭魚子就會更便宜。而由於海洋生物科技的關係，我們能吃到更便宜的魚了。

像這樣，不是可以從海洋取得無止盡的資源嗎？

◆以自動駕駛輕輕鬆鬆地開自己的車

無論在駕駛補習班多麼努力學習，也無法按照教本（駕駛手冊）去開的便是車輛的駕駛。不知是否因為這個緣故，轉彎時不能好好地轉彎，或刹車刹得太慢了，這些由於技術上的不純熟而引起的事故似乎不少。

不過，發生交通事故的原因也不能排除忽視交通號誌、酒醉開車、打瞌睡開車等情形，這些原因在交通事故中佔了很高的比例。而能彌補這些疏失及不純熟的車子，極有可能在二一世紀登場問市。

操控引擎、操控驅動力、操控轉彎等個別操控，目前已有高度的開發。如果將有這些綜合操控的車子開上馬路，則由於感應器的作用，駕駛者便能完全掌握車子正在行駛的路面狀況。例如，下雨或下雪時為了防止車子滑動，會自動地減速，或保持和前車的車間距離，對於各種狀況作綜合性的判斷，而快適地開車、自動地採取反應。倘若能進一步地將人工智慧納入的話，便能判斷交通號誌，同時作出瞬間的判斷，和人駕駛時一樣，能利用電腦去開車。即使是打瞌睡的計程車司機，或自用車輛的駕駛，只要將指令輸入，車子就會自動地將你送回家，如此一來，交通事故就可以減少許多了。

◆將東京——大阪間縮短為二分鐘車程的超特快電車

從東京到大阪只要二分鐘——在邁向二一世紀的前夕，目前正在進行研究的「Tube Train」也許真的能實現這個夢想。開始著手這種未來型列車的研究計劃的，是美國麻省理工學院的「宏觀」研究群。數年前，他們便完成了模型實驗。

他們的構想是先挖掘隧道，然後設置直徑一二公尺的「管道」，而將管道內的空氣完全抽取掉，使它成為真空狀態。接著將列車放進去。而列車是用像電池電動車那樣的超電導磁氣浮上車，會在管道中浮起來。給列車施加壓力，此時它就會依照慣性法則，在管道裡很迅速地前進。而且由於沒有空氣的阻力，所以速度增加多少完全可隨心所欲。

以理論而言，它能產生八八馬赫這麼快的速度，有時真令人難以置信。這樣一來，東京——大阪間只需二分鐘的車程，或紐約——洛杉磯間只需二一分鐘，都並非不可能的事，不久後的未來，相信就可實現此令人驚異的速度。

◆用豬糞行駛的汽車

根據預測，地球的石油資源即將在二一世紀枯竭殆盡。因此，目前有許多人正在進行開發利用太陽能及電氣的汽車的研究，不過其中居然也出現了以豬糞為燃料的汽車。

儘管如此，它還在實驗之中。說起來那已經是很久以前的事，一九七三年時，早稻田大學的齊藤猛研究室便已做了這項實驗，而當時以和普通的汽油車同樣的速度行駛了二公里的距離。

也許，將來你在街上及道路旁會看到「豬沼氣加油」，並且慢慢地取代原來的汽油加油站。甚至，我們可能得一面聽豬叫的聲音，一面將燃料注入汽車裡。如果考慮到公害問題，這點倒是應該好好地想一想。

◆在太空行駛的遊艇

近幾年來，水上運動非常受人歡迎，成為大家談論的話題。其中之一的遊艇，由於日本也參加了美國杯的競賽，尤其成為社會大眾茶餘飯後的一大話題。雖然同樣是遊艇，卻也有一個想讓遊艇在太空中航行的宏大計劃，十分引人注意。

宇宙空間中有太陽所發射的陽子、電子，以及光能。這些東西像風吹似地放射出來，所以稱為「太陽風」。此計劃便是利用太陽風讓遊艇在太空中航行。進行此計劃的，是洛杉磯的世界宇宙集團。那是想在一九八六年加拿大所舉辦的交通萬國博覽會的會場上，讓遊艇在空中航行的計劃。

在這種「太空遊艇」上，需裝上用塑膠織成的薄薄布料，以及將鋁蒸著（使蒸氣附著上去）的素材製成的帆。將帆折疊起來，從ＮＡＳＡ的太空梭裡拋出去，然後當它上了地球的軌道時，遊艇便自動地張開帆，開始航行。操作是從地面以電腦控制。不過，此計劃似乎趕不上萬國博覽會，並未實現，希望有一天能實現此充滿情調的計劃，滿足人們飛行的夢想。

◆以電流阻止精子移動的避孕器具

保險套、避孕藥、子宮帽……等等，這些代表性的避孕用具的原理，是衆所周知的，所以並沒有什麼令人驚訝的事情。

但是，美國紐約州所開發的一種避孕器具，真的可以稱得上是劃時代性的。它是利用電流的作用，使精子的移動停止。

具體地說，將一個Y字型的器具放入子宮頸部，並從此處通入電流，而電池需碳鋰電池。此時，不知是否由於精子直接受到電流的影響，或是子宮頸內的粘液產生磁場的關係，總之，精子會完全停止活動，不會通過粘液進入子宮頸。

將猩猩放在幻燈玻璃上做實驗時，被確認其效果，而用狒狒做實驗時，據說也成功地讓母狒狒避孕了。

如果將它實用化的話，子宮內便有觸電感，也許能體會到一種未知的高潮也說不一定。

◆發出氣味的電視有可能出現嗎？

當我們看那些介紹美食的節目時，常會想到：假使那些看起來很好吃的菜的氣味能從電視裡傳出來，那該有多好？或是名牌香水的香味，槍擊戰後的硝煙味，市場中汗水、食物及家畜的氣味混在一起的特殊氣味，諸如此類在戲劇或記錄片中，配合個別的場面能聞到各種氣味，那麽，臨場感及真實性應該都會加深不少。

在科幻片中，常有這樣的假設，不過以現實問題而言，想要這麽做可謂困難重重。也許可以將各種氣味的成分設定在電視裡，然後配合感應器將氣合成電波。不過，要將龐大的香料設定在電視裡，並非易事，而且將氣味自動合成出來的系統，也不是那麼簡單。還有一個更重要的問題，那就是如何將氣味消失掉？

電視的每個鏡頭及劇情都很迅速地進展，也就是說，為了享受每個場面適切的氣味，必須能在一瞬間便將眼前的氣味消失掉，以免各種氣味混雜於房間中，目前尚未有那麼強力的消臭材料。

在消臭材料中，最普遍的是活性碳，但它並沒有一瞬間便將房間中的氣味消失掉的效力。據說，有一種具有活性碳一〇倍以上消臭能力的產品，是由松下電工及新日本製鐵公司所共同開發的。

那是在三度空間網目狀的鐵系多孔形成金屬錯體，而它會很快地吸收臭氣物質。但是，即使是這麼強力的消臭材料，想要瞬間吸收從電視傳出的氣味也是不可能的。因此，能傳出氣味的電視目前來說仍只是遙遠的夢想罷了。不過想一想也許這樣比較好，因為，如果真的有了那種電視，就可能變成邊吃晚餐邊看血腥的片子，或是，邊看電視上豪華的法國菜，卻邊喝著寒酸的味噌湯，那可不是好受的滋味呢！

◆高速航行於海上的「無螺旋槳船」

被人們期待的未來陸上高速交通工具，是衆所週知的電池電動車。相對地，海上的未來高速交通工具也正在進行開發之中，這正是「高速超電導推進船」。

這種船，和以往的船構造上完全不同。因為它沒有螺旋槳，而是以某種原理航行，也就是應用發電機、馬達去推動船隻。

應用電磁力的法則，在導線裡通上電流，而以磁鐵在和電流同一的方向或直接相交的方向製造磁場，如此便會向直角的方向產生力量。以船隻而言，其導線便是海水，而製造磁場的則是超電導磁場。在理論上，一般人都認為如此航行一〇〇海浬（時速一八五公里也並非不可能）。

不過仍有一些問題，那就是如何讓電流發出能源。長途航行時，需要大量的電源，但如果裝載龐大的體積，船體會變得比排水量重，而無法浮上水面。因此，目前想到的是用氫氣及氧氣燃燒時所產生的科學能源，變換為直接能源，例如，燃料電池、太陽能、海洋能源等，去推動船隻。

已經進行航行實驗中的實驗船，目前仍是用液體氦冷卻後產生超電導現象，總之，目前已經打開了高速超電導推進船的道路，跨進了第一步。

◆會為我們選點喜好味道的「點菜服務機」

在一流的法國餐廳裡，都有一種專門陪客人討論酒、點菜的服務人員。他們都是葡萄酒的專家，能建議客人哪種菜配哪種酒最適合。但是，取代這種服務人員角色的機器人出現了。

大阪的一家酒類販售店，便引進這種稱為「ＡＩ索姆利系統」的個人電腦。這是事先將服務人員所擁有的葡萄酒專門知識，以及實際應對客人或和客人討論的結果等經驗全部一一輸入電腦。而根據這些經驗，電腦就會為客人選擇適合於他們所喜好料理的葡萄酒。

這是由想創造出更接近人的電腦ＡＩ（人工智慧）研究成果之一的ＥＳ（專家系統）所做出來的。

將某種專門知識納入「知識庫」裡，而根據此「知識庫」，以「推論引擎」一再反覆推論「如果如何如何，會變如何如何」，以此產生出結論。

假使能進一步發展此「索姆利系統」，也能開發出點菜服務機器人。當你到法國餐廳時，只要告訴點菜服務的機器人你所喜好的料理種類，以及你的預算，此時，機器人就會說：「是，那麼就渴夏布力一九七六年份的紅酒如何？」並立刻為你送來葡萄酒。這樣的日子，也許在不久的將來就會來臨。

◆懼怕機械的人也能儘情使用的「口述筆記型文字處理機」

「我知道文字處理機的確十分便利，但我就是懼怕機械，要記下按鍵的位置真是難上加難！」對於這樣的你，非常適合的文字處理機已經被開發出來了。這是一種能將人所說的話完全忠實地記錄下來的文字處理機，它可以說是「口述筆記型文字處理機」。

據說，目前這種文字處理機的價格仍很昂貴，尚未達到一般人都能使用的程度。因為，為了使它聽懂不清晰的話、說得很快的話、或是為了斷句，都必須將各式各樣的例句及例外、標準發音及特殊腔調，以及會話多時能簡略化的程式輸入電腦。

因此，口述筆記型的文字處理機需要龐大的記憶體，價格便變得非常昂貴。

然而，由於技術進步的日新月異，口述筆記型文字處理機也經過一再的改良，能更便宜、更簡單買到的時代也將不遠吧！

◆能解除語言不通的海外旅行用自動翻譯機

到海外旅行時，最成為問題便是「語言」。英語的話還可以說上幾句的人雖然很多，但對法語、德語、西班牙語一竅不通的人也不少。

尤其是最近的海外旅行，採取半自助方式的旅行團十分受人歡迎，但這不再像以往那樣由導遊一直陪在身邊，從買東西到上餐館都會為你翻譯，所以，語言的問題相形之下更加重要。

這樣的時候，最便利的工具便是自動翻譯機。將本國的單字輸入之後，這種翻譯機就會自動翻譯為各國的語言，在字幕上表現出來。使用這種翻譯機進行會話時，雖然無法說得很流暢，但也能溝通，以單字、片語表達自己的意思。

目前已有比這種翻譯機更高級的機器上市，這是由松下電器所開發的「自動翻譯機」。當你說出本國語言時，數秒之後它就會說出經由翻譯的英語，真可謂便於携帶的「通譯先生」。很遺憾的是，目前翻譯機所能理解的語言種類及會話內容仍是有限的，並不是現在立即便可實用化的，不過由於ＡＩ的研究，未來每個家庭都有一台甚至人手一台的時代，應該不久之後就會來臨。

◆用金及鑽石打造歷史上最高價的名片

名片對很多人來說，是做生意時不可或缺的「工具」。尤其是銷售人員，為了提高業績，所用的名片最好還是能稍微引人注目一點。最近，已經出現了許多一看便知持有者是何人，下過不少工夫的名片。不僅是在設計款式或字體方面下了很多工夫而已，有的名片更有臉部的照片或畫像，或是用多色印刷、做成立體卡片、電話卡，各種形式不一而足，但都充滿了創意。

不過，在名片的歷史上，最高價的是一九二〇年代所製作的名片。它的底是金的板子，重有七五公克。名字的部分，是用鑽石嵌入。當時的價值，是三千五百元，以現在的幣值來說，可是身價數億的貴重物品。實際上，也許真的用一張這樣的名片，便能買到一幢房子。

這種名片確實能引人注目，收到的人可能會興奮異常，然而，這樣的做法也可能因名片的花費而使持有者傾家蕩產。我想，製作這種名片的人，大概不像我們一般人很隨意地給人名片吧！總之，那個時代的大財主真是太離譜也太誇張了！

第六章

珍奇構想及珍奇發明的起源

◆如果軍隊的組織全是六〇歲以上的老人……

軍隊的訓練已經是非常辛苦的事情，更何況有狀況時更會有嚴格的任務等待著，所以它是一種體力和耐力的挑戰。

但是，東京大學的古川俊之教授卻說：「軍隊應全部由六〇歲以上的老人組成。」老人身體已經開始退化，體力也大不如前，他們真的能克敵致勝嗎？

教授的理論，有以下的幾點根據：

●這樣一來，就不必讓年輕年齡層遠離工作崗位。
●由於年齡的關係，老年會避免沒有意義的戰爭。另一方面，萬一發生戰事時，為了保護後代子孫，他們會更拚命地打仗。
●形成老年人同志彼此之間的共識。
●因為國民都對他們有所期待，所以老人們就更能感覺生存的意義、生命的價值，更加肯定自己。

以上便是他所持的理由。

的確，已經超過六〇歲以上的老人，對於已經得到名利的人來說，並不會有人生的憾恨，而夢想一直未付諸實現的人，此時也許會拚命地想讓夢想成真，更努力於建立一番功業。而且，縱使是年紀稍大了，也因為餘日不多，所以戰死了也不會有太大的悲哀——說，這裡似乎有點失言了，啊好險……。

◆數年內冰河時期就會來臨？

住在美國的約翰‧赫麥卡先生說了一件有趣的事。

「立刻停止使用化石燃料，並立刻停止將熱帶雨林焚毀的舉動，以所有的飛機在森林上散佈岩石細粒，保護樹木的生長。」

他究竟想說什麼呢？意思是說，如果不這樣做的話，在一九九五年之前，冰河時期就會再度來臨。

他的主張是這樣的：由於二氧化碳的溫室效應，赤道被加熱溫度也升高了，而熱帶地區的水會被大量蒸發，藉著季節風的作用，向北方前進。

大量的水分在氣溫較低的上空變成了雪，會降下大量的雪。一部分便成為永不融化的雪，而雪又一年一年地累積起來，形成了冰河。

冰河會削掉山峰，而冰河又會使土壤無機化，如此一來植物便會增加。接著，由於採盡無機物質，土壤又開始有機化，那些增加的植物最後都將難逃滅絕的命運。然後，又發生二氧化碳大量產生的現象——也就是說，在這樣的循環之下，冰河期會一直持續下去。

世界上的知識分子現在正在擔心的事，是和各位所知道的恰好相反的「地球溫暖化現象」。兩種說法似乎都極有道理，但我們究竟應該準備外套或半袖的薄衫呢？真是令人無所適從……。

◆提倡飛碟以太空船來訪地球的大學教授

認為有不明飛行物及外星人來地球一探究竟的說法，並不是現在才開始的。

一九〇八年六月三〇日，中央山脈的索古斯一地，被發現有一個火球似的物體從空中落下來，撞上了森林，由於衝擊力實在太大了，森林全被焚毀，付之一炬，而那一瞬間，動物也大量死亡。

而在經過半世紀以上的一九六〇年，這個飛行物的真正來源仍然不明，留下了一團謎。

那是一個重七百噸以上、直徑一六〇公尺以上，像殞石一般的物體，突然爆炸了，而從留在地面上的成分得知，那是地球以外的物體。

但是，在那之前有各種各樣的傳說，衆說紛紜好不熱鬧，其中最引起人們興趣的便是某位大學教授的說法，他說：

「那一定是具有智慧的生物，由於太空船在地球著陸時不幸失敗，核子燃料引起爆炸。」

這位教授，並採用卡薩滋夫的科幻小說的記述作為證明。

他從被激烈衝撞的地點採取到鉛，斷定那是一一〇億年前的東西，因為地球的年齡只有四六億年，所以那是太空船的一部分，而這個像飛碟一般的不明飛行物，是來自地球以外的其他星球！也就是說，除了地球有人類存在之外，整個宇宙還有生物存在……。

即使這不是事實，這種假設仍會給我們一個美麗的夢想，望有更多的人創造這類夢想。

◆憂鬱症患者也發出許多α波

每秒八次到十四次，平均十次，腦如此綜合性地振動的狀態，稱為「發出α波」。

α波可以說是控制人體生化反應很重要的「生物時鐘」。

一般而言，許多人似乎都將α波視為很有用的東西。那是因為，我們已經知道當我們熱衷於工作時，或腦海裡閃過靈光時，發出很多這種α波的緣故。

雖然這種東西本身是很好的，但如果只看其一面便崇拜它，將它當作寶貝，那又太迷信了，最後還是不要這樣。

根據評論家栗本慎一郎先生的說法：

「α波和θ波各一半的『腦波混合法』似乎比較好。」

這項理論的背景，即是憂鬱症及腦障礙的精神病患者，在他們處於疾病的狀態下，仍會發出許多α波，目前已證明了這個事實。

所以，我們不要α波較多而高興得太早，也許那正是身心有病的徵兆。

◆人如果嘔吐就會變得幸福？

嘔吐的行為，通常都會伴隨著痛苦。

但是，如果是厭食症那就另當別論了，有人鼓勵這種病患應多多嘔吐，那人便是美國的醫學博士安德魯・華爾。

嘔吐時，是一種將毒物及無法消化不需要的東西排除掉的行為。他說，只要使身體覺得很舒服，這樣便能消除心理的不快。

華爾博士並說：「能以自由意志去嘔吐，這樣一來，對我們的身心便具有平衡作用。」據說其理論是從一本介紹瑜伽的書中得到啟示。在這本訓練人們如何嘔吐的書中，提及美國的原住民吃了一種會產生幻覺的植物，平日便經常自己嘔吐，將體內的毒物及廢物排泄出來。

嘔吐是由不隨意肌的功能所形成的一種行為，但如果經過訓練的話，便能以意志去控制這種行為，這樣也就不會感到嘔吐是一件痛苦的事。

在厭食症患者之中，有人甚至一吃到滿腹便開始嘔吐，然後再吃再吐……，一再重複這樣的循環。

我們很容易會瞧不起這種人，但也許是他們比我們走在時代的更前端，懂得利用嘔吐排泄體內的毒物及廢物吧！

◆如果在南半球發明時鐘那麼轉向應是逆向的

從前沒有時鐘的時代裡，人們為了知道時刻而利用太陽。也就是按照太陽的位置測知時間，並且，利用日差製作了日晷。關於日晷，通常它也和機械製的時鐘一樣，是向右轉以表示時刻。

不過，這是北半球的想法，如果我們現在是在南半球就會推翻這項理論，而有完全相反的想法。

例如，假定我們現在住在澳洲，並製作日晷。而太陽在東方上升會繞過北側在西方下沈，這樣一來，日晷便會往左轉。因此，如果當初時鐘是在南半球發明的，那麼可能就會製造出往左轉，也就是逆轉的時鐘了。

◆羅馬帝國瓦解的真正原因是鉛

關於羅馬帝國的瓦解，美國的毒物研究者西里達的主張和別人稍有不同。他的理論是「鉛中毒說」。古代羅馬帝國的水道管是用鉛製的，由於鉛不易溶於水而且柔軟好用，所以便一直沿用。而當時人們喝葡萄酒時，也是使用鉛製的杯子，而杯子所含的鉛一點一點地溶化在葡萄酒裡，這樣過了好幾代之後，鉛對人體產生了作用。鉛進入體內之後，便會在肝臟、腎臟、骨骼等部位聚積起來。

假如長期聚積下去的話，人的腦部、神經就會受到侵害。羅馬帝國的統治者數代都在飲用溶於水及葡萄酒裡的鉛，結果由於鉛的作用，經常發生不孕、流產、死產的事情，如此一來，便逐漸失去統治能力及戰鬥能力。所以說，鉛才是羅馬帝國瓦解的真正原因。

◆耶穌基督是女人？

有一個對基督教信徒來說會很震驚的說法，那便是聖母瑪莉亞所生下的嬰兒，實際上是一個女孩！瑪莉亞很早以前便目睹人們窮困的境況，所以在悲嘆之餘一直想早一點將救世主送到這個世界上。她所生下的是一個女孩，瑪莉亞想，這樣一來人們大概不會相信「她」，將「她」視為救世主，於是便將嬰兒命名為「基督」，並決心以養育男孩的方式帶大「她」。基督本身為了符合母親的希望，所做所為也都表現出男孩的模樣。

這是美國的生化學家安東尼‧哈斯的說法。

為了證明這項論點，他舉出持有基督遺骸的法國卡達利派的記錄。根據記錄顯示，基督的遺骨中有女性頭蓋骨的碎片。另外，哈斯說基督身高只有一五〇公分，且未長鬍鬚，身體纖細，情感的起伏劇烈，容易流血，這些都能證明她是一位女性的證據。同時他更進一步說，基督患了一種缺乏決定性別的遺傳基因XY中的一個或全部的奇馬症候群，因此，基督的乳房並不發達，且胸部寬廣，個子較矮。

◆什麼，宇宙在振動？

有一種說法很令人驚訝，那便是宇宙一直在振動著。

一般而言，人們大都主張宇宙在繼續膨脹的說法。但是，這種膨脹現象終有一天會停止。而從那一天起，宇宙就會開始收縮，而且，宇宙到最後會變成一點而潰散，也就是發生一次「變革」，之後，便又開始膨脹。

如此一來，宇宙便一再重複膨脹後又收縮，收縮後又膨脹的循環。這便是所謂的「宇宙振動說」。然而，這種說法被人指摘理論上有其矛盾之處。振動的宇宙——聽起來好像是地面上彈起的一顆球似地。如果採納了「振動說」，那麼每次球彈起時，會大大地彈起，前述的膨脹、收縮所放出的星光，便被帶到下一個循環去，變得愈來愈大。如此一來，膨脹和收縮的循環愈來愈縮短，愈接近現在。而每一次循環的時間則變長了。計算起來，到目前為止大約只有一百次的循環。

那麼，第一次的膨脹是何時開始的呢?這又是一大問題。

為了解開這個問題，過去已經有人提出各式各樣的假設。例如，宇宙崩潰而爆炸時自然的法則產生了變化，而星光未被蓄積下來，完全消滅掉。然而，目前尚未有能證實這個問題解除人們疑慮的有力學說。換言之，宇宙的起源至今仍是一團謎。

◆人類的壽命延長到三百歲?

由於醫學的發達等因素，人類的壽命一年比一年增加，有不斷延長的趨勢。照這樣的情形下去，平均壽命一百歲並不是一種夢想。不僅如此，甚至有一種說法是，人類絕對有可能活到三百歲!

這是一九七九年在《商業週刊》雜誌上所刊載的一篇報導。內容是說，當遺傳工程進步發達到能改變遺傳因子的地步時，人便能活到三百歲。倘若將構成遺傳因子的一小部分加以改變，便能延長目前壽命到二、三倍之多。這篇報導還預測，改變遺傳因子的組合並不是那麼遙遠的夢想。

人如果都能活到三百歲的話，生活方式及社會將會有極大的變化。然而，比現在的壽命更長壽究竟是幸抑或不幸，這仍是有疑問的。

◆人類已經寵物化的珍奇說法

有一種說法是，正如野生動物已家畜化一樣，人類也已步向家畜化。而此說法的根據，是人類的體毛變得稀疏了。

例如，野生的豬家畜化之後，豬的鬃毛已經完全不見，而體毛也變得稀薄了。另一方面頭髮卻相對地長毛化。比方說馬也是如此。野生的馬體毛較長，鬃毛較短，但是家畜化的馬及純種馬體毛較短，鬃毛較長。

這樣看來，人也是一樣的，最近，上專門治療禿頭沙龍的男性愈來愈多。剃掉體毛而留長髮的男性也許是男性的最佳指標。

◆墳墓還是重新設計比較好——墳墓新作發表會

雖說現代人們宗敎心變得淡薄，以及大家庭逐漸變為小家庭，但對於墳墓很重視的心態還是不變的。當然，最近成為大家話題的火葬，如果合法化之後，可以預測得到，採用火葬將骨灰寄放在靈骨塔的人，一定會逐漸增加。不過，絕大多數仍然希望埋在墓地的墓穴裡，永眠於地下。

這樣的墳墓，現在也逐漸開始反映時代的現況，尤其是最近輸入石材的量增多，而墳墓的個性化也已經十分顯著。其中最引人注目的是西洋式的墳墓。那是用寬廣的墓石，而上面並未刻上姓名字號，而是刻繪圖畫或「真實、美、愛」、「愛」這些字句。

和這些「新產品」的墳墓一樣，日式的墳墓也開始遭遇到時代潮流的衝擊。一九八七年時，由全國的墓石業者舉辦了一次獨特墳墓的新作發表會，會中邀請建築家、雕刻家、設計家等各領域的人士，設計與衆不同的墳墓。

仍然保留傳統的形式及給人的印象，同時也採用新設計的墳墓，這種新潮流可能會一直持續下去，愈來愈多人會為自己的「永眠之地」花心思去設計。

⑬幼兒的症狀與疾病	婦幼天地編譯組	180元
⑭腿部苗條健美法	婦幼天地編譯組	150元
⑮女性腰痛別忽視	婦幼天地編譯組	130元
⑯舒展身心體操術	李玉瓊編譯	130元
⑰三分鐘臉部體操	趙薇妮著	120元
⑱生動的笑容表情術	趙薇妮著	120元
⑲心曠神怡減肥法	川津祐介著	130元
⑳內衣使妳更美麗	陳玄茹譯	130元
㉑瑜伽美姿美容	黃靜香編著	150元

•青春天地• 電腦編號17

①A血型與星座	柯素娥編譯	120元
②B血型與星座	柯素娥編譯	120元
③O血型與星座	柯素娥編譯	120元
④AB血型與星座	柯素娥編譯	120元
⑤青春期性教室	呂貴嵐編譯	130元
⑥事半功倍讀書法	王毅希編譯	130元
⑦難解數學破題	宋釗宜編譯	130元
⑧速算解題技巧	宋釗宜編譯	130元
⑨小論文寫作秘訣	林顯茂編譯	120元
⑩視力恢復！超速讀術	江錦雲譯	130元
⑪中學生野外遊戲	熊谷康編著	120元
⑫恐怖極短篇	柯素娥編譯	130元
⑬恐怖夜話	小毛驢編譯	130元
⑭恐怖幽默短篇	小毛驢編譯	120元
⑮黑色幽默短篇	小毛驢編譯	120元
⑯靈異怪談	小毛驢編譯	130元
⑰錯覺遊戲	小毛驢編譯	130元
⑱整人遊戲	小毛驢編譯	120元
⑲有趣的超常識	柯素娥編譯	130元
⑳哦！原來如此	林慶旺編譯	130元
㉑趣味競賽100種	劉名揚編譯	120元
㉒數學謎題入門	宋釗宜編譯	150元
㉓數學謎題解析	宋釗宜編譯	150元
㉔透視男女心理	林慶旺編譯	120元
㉕少女情懷的自白	李桂蘭編譯	120元
㉖由兄弟姊妹看命運	李玉瓊編譯	130元
㉗趣味的科學魔術	林慶旺編譯	150元
㉘趣味的心理實驗室	李燕玲編譯	150元
㉙愛與性心理測驗	小毛驢編譯	130元

㉚刑案推理解謎	小毛驢編譯	130元
㉛偵探常識推理	小毛驢編譯	130元
㉜偵探常識解謎	小毛驢編譯	130元
㉝偵探推理遊戲	小毛驢編譯	130元
㉞趣味的超魔術	廖玉山編著	150元
㉟		

•健康天地• 電腦編號18

①壓力的預防與治療	柯素娥編譯	130元
②超科學氣的魔力	柯素娥編譯	130元
③尿療法治病的神奇	中尾良一著	130元
④鐵證如山的尿療法奇蹟	廖玉山譯	120元
⑤一日斷食健康法	葉慈容編譯	120元
⑥胃部強健法	陳炳崑譯	120元
⑦癌症早期檢查法	廖松濤譯	130元
⑧老人痴呆症防止法	柯素娥編譯	130元
⑨松葉汁健康飲料	陳麗芬編譯	130元
⑩揉肚臍健康法	永井秋夫著	150元
⑪過勞死、猝死的預防	卓秀貞編譯	130元
⑫高血壓治療與飲食	藤山順豐著	150元
⑬老人看護指南	柯素娥編譯	150元
⑭美容外科淺談	楊啟宏著	150元
⑮美容外科新境界	楊啟宏著	150元

•實用心理學講座• 電腦編號21

①拆穿欺騙伎倆	多湖輝著	140元
②創造好構想	多湖輝著	140元
③面對面心理術	多湖輝著	140元
④僞裝心理術	多湖輝著	140元
⑤透視人性弱點	多湖輝著	140元
⑥自我表現術	多湖輝著	150元
⑦不可思議的人性心理	多湖輝著	150元
⑧催眠術入門	多湖輝著	150元

•超現實心理講座• 電腦編號22

①超意識覺醒法	詹蔚芬編譯	130元
②護摩秘法與人生	劉名揚編譯	130元
③秘法！超級仙術入門	陸　明譯	150元

④給地球人的訊息　柯素娥編著　150元
⑤密教的神通力　劉名揚編著　130元

・心 靈 雅 集・電腦編號00

①禪言佛語看人生	松濤弘道著	150元
②禪密教的奧秘	葉逯謙譯	120元
③觀音大法力	田口日勝著	120元
④觀音法力的大功德	田口日勝著	120元
⑤達摩禪106智慧	劉華亭編譯	150元
⑥有趣的佛教研究	葉逯謙編譯	120元
⑦夢的開運法	蕭京凌譯	130元
⑧禪學智慧	柯素娥編譯	130元
⑨女性佛教入門	許俐萍譯	110元
⑩佛像小百科	心靈雅集編譯組	130元
⑪佛教小百科趣談	心靈雅集編譯組	120元
⑫佛教小百科漫談	心靈雅集編譯組	150元
⑬佛教知識小百科	心靈雅集編譯組	150元
⑭佛學名言智慧	松濤弘道著	180元
⑮釋迦名言智慧	松濤弘道著	180元
⑯活人禪	平田精耕著	120元
⑰坐禪入門	柯素娥編譯	120元
⑱現代禪悟	柯素娥編譯	130元
⑲道元禪師語錄	心靈雅集編譯組	130元
⑳佛學經典指南	心靈雅集編譯組	130元
㉑何謂「生」　阿含經	心靈雅集編譯組	130元
㉒一切皆空　般若心經	心靈雅集編譯組	130元
㉓超越迷惘　法句經	心靈雅集編譯組	130元
㉔開拓宇宙觀　華嚴經	心靈雅集編譯組	130元
㉕真實之道　法華經	心靈雅集編譯組	130元
㉖自由自在　涅槃經	心靈雅集編譯組	130元
㉗沈默的教示　維摩經	心靈雅集編譯組	130元
㉘開通心眼　佛語佛戒	心靈雅集編譯組	130元
㉙揭秘寶庫　密教經典	心靈雅集編譯組	130元
㉚坐禪與養生	廖松濤譯	110元
㉛釋尊十戒	柯素娥編譯	120元
㉜佛法與神通	劉欣如編著	120元
㉝悟（正法眼藏的世界）	柯素娥編譯	120元
㉞只管打坐	劉欣如編譯	120元
㉟喬答摩・佛陀傳	劉欣如編著	120元
㊱唐玄奘留學記	劉欣如編譯	120元

㊲佛教的人生觀	劉欣如編譯	110元
㊳無門關（上卷）	心靈雅集編譯組	150元
㊴無門關（下卷）	心靈雅集編譯組	150元
㊵業的思想	劉欣如編著	130元
㊶佛法難學嗎	劉欣如著	140元
㊷佛法實用嗎	劉欣如著	140元
㊸佛法殊勝嗎	劉欣如著	140元
㊹因果報應法則	李常傳編	140元
㊺佛教醫學的奧秘	劉欣如編著	150元

•經 營 管 理•電腦編號01

◎創新經營六十六大計（精）	蔡弘文編	780元
①如何獲取生意情報	蘇燕謀譯	110元
②經濟常識問答	蘇燕謀譯	130元
③股票致富68秘訣	簡文祥譯	100元
④台灣商戰風雲錄	陳中雄著	120元
⑤推銷大王秘錄	原一平著	100元
⑥新創意•賺大錢	王家成譯	90元
⑦工廠管理新手法	琪　輝著	120元
⑧奇蹟推銷術	蘇燕謀譯	100元
⑨經營參謀	柯順隆譯	120元
⑩美國實業24小時	柯順隆譯	80元
⑪撼動人心的推銷法	原一平著	120元
⑫高竿經營法	蔡弘文編	120元
⑬如何掌握顧客	柯順隆譯	150元
⑭一等一賺錢策略	蔡弘文編	120元
⑮世界經濟戰爭	約翰•渥洛諾夫著	120元
⑯成功經營妙方	鐘文訓著	120元
⑰一流的管理	蔡弘文編	150元
⑱外國人看中韓經濟	劉華亭譯	150元
⑲企業不良幹部群相	琪輝編著	120元
⑳突破商場人際學	林振輝編著	90元
㉑無中生有術	琪輝編著	140元
㉒如何使女人打開錢包	林振輝編著	100元
㉓操縱上司術	邑井操著	90元
㉔小公司經營策略	王嘉誠著	100元
㉕成功的會議技巧	鐘文訓編譯	100元
㉖新時代老闆學	黃柏松編著	100元
㉗如何創造商場智囊團	林振輝編譯	150元
㉘十分鐘推銷術	林振輝編譯	120元

㉙五分鐘育才	黃柏松編譯	100元
㉚成功商場戰術	陸明編譯	100元
㉛商場談話技巧	劉華亭編譯	120元
㉜企業帝王學	鐘文訓譯	90元
㉝自我經濟學	廖松濤編譯	100元
㉞一流的經營	陶田生編著	120元
㉟女性職員管理術	王昭國編譯	120元
㊱ＩＢＭ的人事管理	鐘文訓編譯	150元
㊲現代電腦常識	王昭國編譯	150元
㊳電腦管理的危機	鐘文訓編譯	120元
㊴如何發揮廣告效果	王昭國編譯	150元
㊵最新管理技巧	王昭國編譯	150元
㊶一流推銷術	廖松濤編譯	120元
㊷包裝與促銷技巧	王昭國編譯	130元
㊸企業王國指揮塔	松下幸之助著	120元
㊹企業精銳兵團	松下幸之助著	120元
㊺企業人事管理	松下幸之助著	100元
㊻華僑經商致富術	廖松濤編譯	130元
㊼豐田式銷售技巧	廖松濤編譯	120元
㊽如何掌握銷售技巧	王昭國編著	130元
㊾一分鐘推銷員	廖松濤譯	90元
㊿洞燭機先的經營	鐘文訓編譯	150元
51ＩＢＭ成功商法	巴克・羅傑斯著	130元
52新世紀的服務業	鐘文訓編譯	100元
53成功的領導者	廖松濤編譯	120元
54女推銷員成功術	李玉瓊編譯	130元
55ＩＢＭ人才培育術	鐘文訓編譯	100元
56企業人自我突破法	黃琪輝編著	150元
57超級經理人	羅拔・海勒著	100元
58財富開發術	蔡弘文編著	130元
59成功的店舖設計	鐘文訓編著	150元
60靈巧者成功術	鐘文訓編譯	150元
61企管回春法	蔡弘文編著	130元
62小企業經營指南	鐘文訓編譯	100元
63商場致勝名言	鐘文訓編譯	150元
64迎接商業新時代	廖松濤編譯	100元
65透視日本企業管理	廖松濤　譯	100元
66新手股票投資入門	何朝乾　編	180元
67上揚股與下跌股	何朝乾編譯	150元
68股票速成學	何朝乾編譯	180元
69理財與股票投資策略	黃俊豪編著	180元

⑩黃金投資策略	黃俊豪編著	180元
⑪厚黑管理學	廖松濤編譯	180元
⑫股市致勝格言	呂梅莎編譯	180元
⑬透視西武集團	林谷燁編譯	150元
⑭推銷改變我的一生	柯素娥　譯	120元
⑮推銷始於被拒	盧媚璟　譯	120元
⑯巡迴行銷術	陳蒼杰譯	150元
⑰推銷的魔術	王嘉誠譯	120元
⑱60秒指導部屬	周蓮芬編譯	150元
⑲精銳女推銷員特訓	李玉瓊編譯	130元
⑳企劃、提案、報告圖表的技巧	鄭　汶　譯	180元
㉑海外不動產投資	許達守編譯	150元
㉒八百件的世界策略	李玉瓊譯	150元
㉓服務業品質管理	吳宜芬譯	180元
㉔零庫存銷售	黃東謙編譯	150元
㉕三分鐘推銷管理	劉名揚編譯	150元
㉖推銷大王奮鬥史	原一平著	150元
㉗豐田汽車的生產管理	林谷燁編譯	150元

・成功寶庫・ 電腦編號02

①上班族交際術	江森滋著	100元
②拍馬屁訣竅	廖玉山編譯	110元
③一分鐘適應法	林曉陽譯	90元
④聽話的藝術	歐陽輝編譯	110元
⑥克服逆境的智慧	廖松濤　譯	100元
⑦不可思議的人性心理	多湖輝　著	120元
⑧成功的人生哲學	劉明和　譯	120元
⑨求職轉業成功術	陳　義編著	110元
⑩上班族禮儀	廖玉山編著	120元
⑪接近心理學	李玉瓊編著	100元
⑫創造自信的新人生	廖松濤編著	120元
⑬卡耐基的人生指南	林曉鐘編譯	120元
⑭上班族如何出人頭地	廖松濤編著	100元
⑮神奇瞬間瞑想法	廖松濤編譯	100元
⑯人生成功之鑰	楊意苓編著	150元
⑱潛在心理術	多湖輝　著	100元
⑲給企業人的諍言	鐘文訓編著	120元
⑳企業家自律訓練法	陳　義編譯	100元
㉑上班族妖怪學	廖松濤編著	100元
㉒猶太人縱橫世界的奇蹟	孟佑政編著	110元

㉓訪問推銷術	黃靜香編著	130元
㉔改運的秘訣	吳秀美　譯	120元
㉕你是上班族中強者	嚴思圖編著	100元
㉖向失敗挑戰	黃靜香編著	100元
㉗成功心理學	陳蒼杰　譯	100元
㉘墨菲成功定律	吳秀美　譯	130元
㉙機智應對術	李玉瓊編著	130元
㉚成功頓悟100則	蕭京凌編譯	130元
㉛掌握好運100則	蕭京凌編譯	110元
㉜知性幽默	李玉瓊編譯	130元
㉝熟記對方絕招	黃靜香編譯	100元
㉞男性成功秘訣	陳蒼杰編譯	130元
㉟超越巔峯者	C・加菲爾德著	130元
㊱業務員成功秘方	李玉瓊編著	120元
㊲察言觀色的技巧	劉華亭編著	130元
㊳一流領導力	施義彥編譯	120元
㊴一流說服力	李玉瓊編著	130元
㊵30秒鐘推銷術	廖松濤編譯	120元
㊶猶太成功商法	周蓮芬編譯	120元
㊷尖端時代行銷策略	陳蒼杰編著	100元
㊸顧客管理學	廖松濤編著	100元
㊹如何使對方說Yes	程　羲編著	150元
㊺如何提高工作效率	劉華亭編著	150元
㊻企業戰術必勝法	黃靜香編著	130元
㊼上班族口才學	楊鴻儒譯	120元
㊽上班族新鮮人須知	程　羲編著	120元
㊾如何左右逢源	程　羲編著	130元
㊿語言的心理戰	多湖輝著	130元
51扣人心弦演說術	劉名揚編著	120元
52八面玲瓏成功術	陳　羲譯	130元
53如何增進記憶力、集中力	廖松濤譯	130元
54頂尖領導人物	陳蒼杰譯	120元
55性惡企業管理學	陳蒼杰譯	130元
56自我啟發200招	楊鴻儒編著	150元
57做個傑出女職員	劉名揚編著	130元
58靈活的集團營運術	楊鴻儒編著	120元
59必勝交涉強化法	陳蒼杰譯	120元
60個案研究活用法	楊鴻儒編著	130元
61企業教育訓練遊戲	楊鴻儒編著	120元
62管理者的智慧	程　義編譯	130元
63做個佼佼管理者	馬筱莉編譯	130元

⑥④智慧型說話技巧	沈永嘉編譯	130元
⑥⑤歌德人生箴言	沈永嘉編譯	150元
⑥⑥活用佛學於經營	松濤弘道著	150元
⑥⑦活用禪學於企業	柯素娥編譯	130元
⑥⑧詭辯的智慧	沈永嘉編譯	130元
⑥⑨幽默詭辯術	廖玉山編譯	130元
⑦⓪拿破崙智慧箴言	柯素娥編譯	130元
⑦①自我培育・超越	蕭京凌編譯	150元
⑦②深層心理術	多湖輝著	130元
⑦③深層語言術	多湖輝著	130元
⑦④時間即一切	沈永嘉編譯	130元
⑦⑤自我脫胎換骨	柯素娥譯	150元
⑦⑥贏在起跑點—人才培育鐵則	楊鴻儒編譯	150元
⑦⑦做一枚活棋	李玉瓊編譯	130元
⑦⑧面試成功戰略	柯素娥編譯	130元
⑦⑨自我介紹與社交禮儀	柯素娥編譯	130元
⑧⓪說NO的技巧	廖玉山編譯	130元
⑧①瞬間攻破心防法	廖玉山編譯	120元
⑧②改變一生的名言	李玉瓊編譯	130元
⑧③性格性向創前程	楊鴻儒編譯	130元
⑧④訪問行銷新竅門	廖玉山編譯	150元
⑧⑤無所不達的推銷話術	李玉瓊編譯	150元

・處 世 智 慧・ 電腦編號03

①如何改變你自己	陸明編譯	120元
②人性心理陷阱	多湖輝著	90元
④幽默說話術	林振輝編譯	120元
⑤讀書36計	黃柏松編譯	120元
⑥靈感成功術	譚繼山編譯	80元
⑦如何使人對你好感	張文志譯	110元
⑧扭轉一生的五分鐘	黃柏松編譯	100元
⑨知人、知面、知其心	林振輝譯	110元
⑩現代人的詭計	林振輝譯	100元
⑪怎樣突破人性弱點	摩　根著	90元
⑫如何利用你的時間	蘇遠謀譯	80元
⑬口才必勝術	黃柏松編譯	120元
⑭女性的智慧	譚繼山編譯	90元
⑮如何突破孤獨	張文志編譯	80元
⑯人生的體驗	陸明編譯	80元
⑰微笑社交術	張芳明譯	90元

⑱幽默吹牛術	金子登著	90元
⑲攻心說服術	多湖輝著	100元
⑳當機立斷	陸明編譯	70元
㉑勝利者的戰略	宋恩臨編譯	80元
㉒如何交朋友	安紀芳編著	70元
㉓鬥智奇謀（諸葛孔明兵法）	陳炳崑著	70元
㉔慧心良言	亦　奇著	80元
㉕名家慧語	蔡逸鴻主編	90元
㉖金色的人生	皮爾著	80元
㉗稱霸者啟示金言	黃柏松編譯	90元
㉘如何發揮你的潛能	陸明編譯	90元
㉙女人身態語言學	李常傳譯	130元
㉚摸透女人心	張文志譯	90元
㉛現代戀愛秘訣	王家成譯	70元
㉜給女人的悄悄話	妮倩編譯	90元
㉝行為語言的奧秘	歆夫編譯	110元
㉞如何開拓快樂人生	陸明編譯	90元
㉟驚人時間活用法	鐘文訓譯	80元
㊱成功的捷徑	鐘文訓譯	70元
㊲幽默逗笑術	林振輝著	120元
㊳活用血型讀書法	陳炳崑譯	80元
㊴心　燈	葉于模著	100元
㊵當心受騙	林顯茂譯	90元
㊶心・體・命運	蘇燕謀譯	70元
㊷如何使頭腦更敏銳	陸明編譯	70元
㊸宮本武藏五輪書金言錄	宮本武藏著	100元
㊹厚黑說服術	多湖輝著	90元
㊺勇者的智慧	黃柏松編譯	80元
㊼成熟的愛	林振輝譯	120元
㊽現代女性駕馭術	蔡德華著	90元
㊾禁忌遊戲	酒井潔著	90元
㊿自我表現術	多湖輝著	100元
51女性的魅力・年齡	廖玉山譯	90元
52摸透男人心	劉華亭編譯	80元
53如何達成願望	謝世輝著	90元
54創造奇蹟的「想念法」	謝世輝著	90元
55創造成功奇蹟	謝世輝著	90元
56男女幽默趣典	劉華亭譯	90元
57幻想與成功	廖松濤譯	80元
58反派角色的啟示	廖松濤編譯	70元
59現代女性須知	劉華亭編著	75元

⑥⓪一分鐘記憶術	廖玉山譯	90元
⑥①機智說話術	劉華亭編譯	100元
⑥②如何突破內向	姜倩怡編譯	110元
⑥③扭轉自我的信念	黃　翔編譯	100元
⑥④讀心術入門	王家成編譯	100元
⑥⑤如何解除內心壓力	林美羽編著	110元
⑥⑥取信於人的技巧	多湖輝著	110元
⑥⑦如何培養堅強的自我	林美羽編著	90元
⑥⑧自我能力的開拓	卓一凡編著	110元
⑥⑨求職的藝術	吳秀美編譯	100元
⑦⓪縱橫交涉術	嚴思圖編著	90元
⑦①如何培養妳的魅力	劉文珊編著	90元
⑦②魅力的力量	姜倩怡編著	90元
⑦③金錢心理學	多湖輝著	100元
⑦④語言的圈套	多湖輝著	110元
⑦⑤個性膽怯者的成功術	廖松濤編譯	100元
⑦⑥人性的光輝	文可式編著	90元
⑦⑦如何建立自信心	諾曼・比爾著	90元
⑦⑧驚人的速讀術	鐘文訓編譯	90元
⑦⑨培養靈敏頭腦秘訣	廖玉山編著	90元
⑧⓪夜晚心理術	鄭秀美編譯	80元
⑧①如何做個成熟的女性	李玉瓊編著	80元
⑧②現代女性成功術	劉文珊編著	90元
⑧③成功說話技巧	梁惠珠編譯	100元
⑧④人生的真諦	鐘文訓編譯	100元
⑧⑤妳是人見人愛的女孩	廖松濤編著	120元
⑧⑥精神緊張速解法	F・查爾斯著	90元
⑧⑦指尖・頭腦體操	蕭京凌編譯	90元
⑧⑧電話應對禮儀	蕭京凌編著	90元
⑧⑨自我表現的威力	廖松濤編譯	100元
⑨⓪名人名語啟示錄	喬家楓編著	100元
⑨①男與女的哲思	程鐘梅編譯	110元
⑨②靈思慧語	牧　風著	110元
⑨③心靈夜語	牧　風著	100元
⑨④激盪腦力訓練	廖松濤編譯	100元
⑨⑤三分鐘頭腦活性法	廖玉山編譯	110元
⑨⑥星期一的智慧	廖玉山編譯	100元
⑨⑦溝通說服術	賴文琇編譯	100元
⑨⑧超速讀超記憶法	廖松濤編譯	120元

・健康與美容・電腦編號04

①B型肝炎預防與治療	曾慧琪譯	130元
③媚酒傳（中國王朝秘酒）	陸明主編	120元
④藥酒與健康果菜汁	成玉主編	150元
⑤中國回春健康術	蔡一藩著	100元
⑥奇蹟的斷食療法	蘇燕謀譯	110元
⑧健美食物法	陳炳崑譯	120元
⑨驚異的漢方療法	唐龍編著	90元
⑩不老強精食	唐龍編著	100元
⑪經脈美容法	月乃桂子著	90元
⑫五分鐘跳繩健身法	蘇明達譯	100元
⑬睡眠健康法	王家成譯	80元
⑭你就是名醫	張芳明譯	90元
⑮如何保護你的眼睛	蘇燕謀譯	70元
⑯自我指壓術	今井義睛著	120元
⑰室內身體鍛鍊法	陳炳崑譯	100元
⑱飲酒健康法	J・亞當姆斯著	100元
⑲釋迦長壽健康法	譚繼山譯	90元
⑳腳部按摩健康法	譚繼山譯	120元
㉑自律健康法	蘇明達譯	90元
㉓身心保健座右銘	張仁福著	160元
㉔腦中風家庭看護與運動治療	林振輝譯	100元
㉕秘傳醫學人相術	成玉主編	120元
㉖導引術入門⑴治療慢性病	成玉主編	110元
㉗導引術入門⑵健康・美容	成玉主編	110元
㉘導引術入門⑶身心健康法	成玉主編	110元
㉙妙用靈藥・蘆薈	李常傳譯	90元
㉚萬病回春百科	吳通華著	150元
㉛初次懷孕的10個月	成玉編譯	100元
㉜中國秘傳氣功治百病	陳炳崑編譯	130元
㉞仙人成仙術	陸明編譯	100元
㉟仙人長生不老學	陸明編譯	100元
㊱釋迦秘傳米粒刺激法	鐘文訓譯	120元
㊲痔・治療與預防	陸明編譯	130元
㊳自我防身絕技	陳炳崑編譯	120元
㊴運動不足時疲勞消除法	廖松濤譯	110元
㊵三溫暖健康法	鐘文訓編譯	90元
㊷維他命C新效果	鐘文訓譯	90元
㊸維他命與健康	鐘文訓譯	120元

㊺森林浴—綠的健康法	劉華亭編譯	80元
㊼導引術入門(4)酒浴健康法	成玉主編	90元
㊽導引術入門(5)不老回春法	成玉主編	90元
㊾山白竹（劍竹）健康法	鐘文訓譯	90元
㊿解救你的心臟	鐘文訓編譯	100元
51牙齒保健法	廖玉山譯	90元
52超人氣功法	陸明編譯	110元
53超能力秘密開發法	廖松濤譯	80元
54借力的奇蹟(1)	力拔山著	100元
55借力的奇蹟(2)	力拔山著	100元
56五分鐘小睡健康法	呂添發撰	100元
57禿髮、白髮預防與治療	陳炳崑撰	100元
58吃出健康藥膳	劉大器著	100元
59艾草健康法	張汝明編譯	90元
60一分鐘健康診斷	蕭京凌編譯	90元
61念術入門	黃静香編譯	90元
62念術健康法	黃静香編譯	90元
63健身回春法	梁惠珠編譯	100元
64姿勢養生法	黃秀娟編譯	90元
65仙人瞑想法	鐘文訓譯	120元
66人蔘的神效	林慶旺譯	100元
67奇穴治百病	吳通華著	120元
68中國傳統健康法	靳海東著	100元
69下半身減肥法	納他夏・史達賓著	110元
70使妳的肌膚更亮麗	楊　皓編譯	100元
71酵素健康法	楊　皓編譯	120元
72做一個快樂的病人	吳秀美譯	100元
73腰痛預防與治療	五味雅吉著	100元
74如何預防心臟病・腦中風	譚定長等著	100元
75少女的生理秘密	蕭京凌譯	120元
76頭部按摩與針灸	楊鴻儒譯	100元
77雙極療術入門	林聖道著	100元
78氣功自療法	梁景蓮著	100元
79大蒜健康法	李玉瓊編譯	100元
80紅蘿蔔汁斷食療法	李玉瓊譯	120元
81健胸美容秘訣	黃靜香譯	100元
82鍺奇蹟療效	林宏儒譯	120元
83三分鐘健身運動	廖玉山譯	120元
84尿療法的奇蹟	廖玉山譯	120元
85神奇的聚積療法	廖玉山譯	120元
86預防運動傷害伸展體操	楊鴻儒編譯	120元

⑻糖尿病預防與治療	石莉涓譯	150元
⑻五日就能改變你	柯素娥譯	110元
⑻三分鐘氣功健康法	陳美華譯	120元
⑼痛風劇痛消除法	余昇凌譯	120元
⑼道家氣功術	早島正雄著	130元
⑼氣功減肥術	早島正雄著	120元
⑼超能力氣功法	柯素娥譯	130元
⑼氣的瞑想法	早島正雄著	120元

・家庭／生活・電腦編號05

①單身女郎生活經驗談	廖玉山編著	100元
②血型・人際關係	黃靜編著	120元
③血型・妻子	黃靜編著	110元
④血型・丈夫	廖玉山編譯	130元
⑤血型・升學考試	沈永嘉編譯	120元
⑥血型・臉型・愛情	鐘文訓編譯	120元
⑦現代社交須知	廖松濤編譯	100元
⑧簡易家庭按摩	鐘文訓編譯	150元
⑨圖解家庭看護	廖玉山編譯	120元
⑩生男育女隨心所欲	岡正基編著	120元
⑪家庭急救治療法	鐘文訓編著	100元
⑫新孕婦體操	林曉鐘譯	120元
⑬從食物改變個性	廖玉山編譯	100元
⑭職業婦女的衣著	吳秀美編譯	120元
⑮成功的穿著	吳秀美編譯	120元
⑯現代人的婚姻危機	黃　靜編著	90元
⑰親子遊戲　0歲	林慶旺編譯	100元
⑱親子遊戲　1～2歲	林慶旺編譯	110元
⑲親子遊戲　3歲	林慶旺編譯	100元
⑳女性醫學新知	林曉鐘編譯	130元
㉑媽媽與嬰兒	張汝明編譯	150元
㉒生活智慧百科	黃　靜編譯	100元
㉓手相・健康・你	林曉鐘編譯	120元
㉔菜食與健康	張汝明編譯	110元
㉕家庭素食料理	陳東達著	140元
㉖性能力活用秘法	米開・尼里著	130元
㉗兩性之間	林慶旺編譯	120元
㉘性感經穴健康法	蕭京凌編譯	110元
㉙幼兒推拿健康法	蕭京凌編譯	100元
㉚談中國料理	丁秀山編著	100元

㉛舌技入門	增田豐　著	130元
㉜預防癌症的飲食法	黃靜香編譯	120元
㉝性與健康寶典	黃靜香編譯	180元
㉞正確避孕法	蕭京凌編譯	130元
㉟吃的更漂亮美容食譜	楊萬里著	120元
㊱圖解交際舞速成	鐘文訓編譯	150元
㊲觀相導引術	沈永嘉譯	130元
㊳初為人母12個月	陳義譯	130元
㊴圖解麻將入門	顧安行編譯	130元
㊵麻將必勝秘訣	石利夫編譯	130元
㊶女性一生與漢方	蕭京凌編譯	100元
㊷家電的使用與修護	鐘文訓編譯	130元
㊸錯誤的家庭醫療法	鐘文訓編譯	100元
㊹簡易防身術	陳慧珍編譯	130元
㊺茶健康法	鐘文訓編譯	130元
㊻如何與子女談性	黃靜香譯	100元
㊼生活的藝術	沈永嘉編著	120元
㊽雜草雜果健康法	沈永嘉編著	120元
㊾如何選擇理想妻子	荒谷慈著	110元
㊿如何選擇理想丈夫	荒谷慈著	110元
(51)中國食與性的智慧	根本光人著	150元
(52)開運法話	陳宏男譯	100元
(53)禪語經典＜上＞	平田精耕著	150元
(54)禪語經典＜下＞	平田精耕著	150元
(55)手掌按摩健康法	鐘文訓譯	150元
(56)脚底按摩健康法	鐘文訓譯	150元
(57)仙道運氣健身法	高藤聰一郎著	150元
(58)健心、健體呼吸法	蕭京凌譯	120元
(59)自彊術入門	蕭京凌譯	120元
(60)指技入門	增田豐著	130元
(61)下半身鍛鍊法	增田豐著	150元
(62)表象式學舞法	黃靜香編譯	180元
(63)圖解家庭瑜伽	鐘文訓譯	130元
(64)食物治療寶典	黃靜香編譯	130元
(65)智障兒保育入門	楊鴻儒譯	130元
(66)自閉兒童指導入門	楊鴻儒譯	150元
(67)乳癌發現與治療	黃靜香譯	130元
(68)盆栽培養與欣賞	廖啟新編譯	150元
(69)世界手語入門	蕭京凌編譯	150元
(70)賽馬必勝法	李錦雀編譯	200元
(71)中藥健康粥	蕭京凌編譯	120元

⑫健康食品指南	劉文珊編譯	130元
⑬健康長壽飲食法	鐘文訓編譯	150元
⑭夜生活規則	增田豐著	120元
⑮自製家庭食品	鐘文訓編譯	180元
⑯仙道帝王招財術	廖玉山譯	130元
⑰「氣」的蓄財術	劉名揚譯	130元
⑱佛教健康法入門	劉名揚譯	130元
⑲男女健康醫學	郭汝蘭譯	150元
⑳成功的果樹培育法	張煌編譯	130元
㉑實用家庭菜園	孔翔儀編譯	130元
㉒氣與中國飲食法	柯素娥編譯	130元
㉓世界生活趣譚	林其英著	160元
㉔胎教二八〇天	鄭淑美譯	180元
㉕酒自己動手釀	柯素娥編著	160元

•命理與預言•電腦編號06

①星座算命術	張文志譯	120元
③圖解命運學	陸明編著	100元
④中國秘傳面相術	陳炳崑編著	110元
⑤輪迴法則（生命轉生的秘密）	五島勉著	80元
⑥命名彙典	水雲居士編著	100元
⑦簡明紫微斗術命運學	唐龍編著	130元
⑧住宅風水吉凶判斷法	琪輝編譯	120元
⑨鬼谷算命秘術	鬼谷子著	150元
⑫簡明四柱推命學	李常傳編譯	150元
⑬性占星術	柯順隆編譯	80元
⑭十二支命相學	王家成譯	80元
⑮啟示錄中的世界末日	蘇燕謀編譯	80元
⑯簡明易占學	黃小娥著	100元
⑰指紋算命學	邱夢蕾譯	90元
⑱樸克牌占卜入門	王家成譯	100元
⑲Ａ血型與十二生肖	鄒雲英編譯	90元
⑳Ｂ血型與十二生肖	鄒雲英編譯	90元
㉑Ｏ血型與十二生肖	鄒雲英編譯	100元
㉒ＡＢ血型與十二生肖	鄒雲英編譯	90元
㉓筆跡占卜學	周子敬著	120元
㉔神秘消失的人類	林達中譯	80元
㉕世界之謎與怪談	陳炳崑譯	80元
㉖符咒術入門	柳玉山人編	100元
㉗神奇的白符咒	柳玉山人編	120元

㉘神奇的紫符咒	柳玉山人編	120元
㉙秘咒魔法開運術	吳慧鈴編譯	180元
㉚中國式面相學入門	蕭京凌編著	90元
㉛改變命運的手相術	鐘文訓編著	120元
㉜黃帝手相占術	鮑黎明著	130元
㉝惡魔的咒法	杜美芳譯	150元
㉞脚相開運術	王瑞禎譯	130元
㉟面相開運術	許麗玲譯	150元
㊱房屋風水與運勢	邱震睿編譯	130元
㊲商店風水與運勢	邱震睿編譯	130元
㊳諸葛流天文遁甲	巫立華譯	150元
㊴聖帝五龍占術	廖玉山譯	180元
㊵萬能神算	張助馨編著	120元
㊶神祕的前世占卜	劉名揚譯	150元
㊷諸葛流奇門遁甲	巫立華譯	150元
㊸諸葛流四柱推命	巫立華譯	180元

•教養特輯• 電腦編號07

①管教子女絕招	多湖輝著	70元
②正確性知識（美國中學副課本）	徐道政譯	80元
⑤如何教育幼兒	林振輝譯	80元
⑥看圖學英文	陳炳崑編著	90元
⑦關心孩子的眼睛	陸明編	70元
⑧如何生育優秀下一代	邱夢蕾編著	100元
⑨父母如何與子女相處	安紀芳編譯	80元
⑩現代育兒指南	劉華亭編譯	90元
⑪父母離婚你該怎麼辦	吳秀美譯	80元
⑫如何培養自立的下一代	黃静香編譯	80元
⑬使用雙手增強腦力	沈永嘉編譯	70元
⑭教養孩子的母親暗示法	多湖輝著	90元
⑮奇蹟教養法	鐘文訓編譯	90元
⑯慈父嚴母的時代	多湖輝著	90元
⑰如何發現問題兒童的才智	林慶旺譯	100元
⑱再見！夜尿症	黃静香編譯	90元
⑲育兒新智慧	黃静編譯	90元
⑳長子培育術	劉華亭編譯	80元
㉑親子運動遊戲	蕭京凌編譯	90元
㉒一分鐘刺激會話法	鐘文訓編著	90元
㉓啟發孩子讀書的興趣	李玉瓊編著	100元
㉔如何使孩子更聰明	黃静編著	100元

㉕3・4歲育兒寶典	黃静香編譯	100元
㉖一對一教育法	林振輝編譯	100元
㉗母親的七大過失	鐘文訓編譯	100元
㉘幼兒才能開發測驗	蕭京凌編譯	100元
㉙教養孩子的智慧之眼	黃静香編譯	100元
㉚如何創造天才兒童	林振輝編譯	90元
㉛如何使孩子數學滿點	林明嬋編著	100元

•消遣特輯• 電腦編號08

①小動物飼養秘訣	徐道政譯	120元
②狗的飼養與訓練	張文志譯	100元
③四季釣魚法	釣朋會編	120元
④鴿的飼養與訓練	林振輝譯	120元
⑤金魚飼養法	鐘文訓編譯	130元
⑥熱帶魚飼養法	鐘文訓編譯	180元
⑦有趣的科學（動腦時間）	蘇燕謀譯	70元
⑧妙事多多	金家驊編譯	80元
⑨有趣的性知識	蘇燕謀編譯	100元
⑩圖解攝影技巧	譚繼山編譯	220元
⑪100種小鳥養育法	譚繼山編譯	200元
⑫樸克牌遊戲與贏牌秘訣	林振輝編譯	120元
⑬遊戲與餘興節目	廖松濤編著	100元
⑭樸克牌魔術・算命・遊戲	林振輝編譯	100元
⑯世界怪動物之謎	王家成譯	90元
⑰有趣智商測驗	譚繼山譯	120元
⑱自我ＩＱ測驗	柯勞斯尼札著	90元
⑲絕妙電話遊戲	開心俱樂部著	80元
⑳透視超能力	廖玉山譯	90元
㉑戶外登山野營	劉青篁編譯	90元
㉒測驗你的智力	蕭京凌編著	90元
㉓有趣數字遊戲	廖玉山編著	90元
㉔巴士旅行遊戲	陳羲編著	110元
㉕快樂的生活常識	林泰彥編著	90元
㉖室內室外遊戲	蕭京凌編著	110元
㉗神奇的火柴棒測驗術	廖玉山編著	100元
㉘醫學趣味問答	陸明編譯	90元
㉙樸克牌單人遊戲	周蓮芬編譯	100元
㉚靈驗樸克牌占卜	周蓮芬編譯	120元
㉛幽默猜謎	山姆羅德著	80元
㉜性趣無窮	蕭京凌編譯	110元

國立中央圖書館出版品預行編目資料

趣味的珍奇發明 / 柯素娥編著. 一 初版. -- 臺北市 : 大展, 民83
面 ; 公分. -- (青春天地 ; 35)
ISBN 957-557-450-8(平裝)

1. 技術 - 雜錄

404.6　　83004518

ISBN 957-557-450-8

趣味的珍奇發明

編 著 者／柯　素　娥
發 行 人／蔡　森　明
出 版 者／大展出版社有限公司
社　　址／台北市北投區（石牌）致遠一路二段12巷1號
電　　話／（02）8236031・8236033
傳　　眞／（02）8272069
郵政劃撥／0166955－1
登 記 證／局版臺業字第2171號

法律顧問／劉　鈞　男　律師
承 印 者／國順圖書印刷公司
裝　　訂／日新裝訂所
排 版 者／千賓電腦打字有限公司
電　　話／（02）8836052
初　　版／1994年（民83年）6月

定　　價／150元

大展好書 好書大展